量子物理の数理

量子物理の数理

黒田成俊 著

岩波書店

まえがき

「量子物理の数理」という題で書くようにおすすめを受けて一番困惑したのは，どういう内容をどんなスタイルで書いたらよいか，ということであった．この題名から何を思い浮かべるかは人さまざまで，本書の内容とはまったく違うものを想像される読者も多いだろう．スタイルについては，広い内容を取り入れる解説めいたものとするか，あるいは題材を思い切って絞って，数学の書として一応完結したものにするか，等が考えられる．

本書は，上の第 2 のスタイルによる「Schrödinger 方程式の数理入門」である．量子物理の内容は多様でも，その基礎はなんといっても量子力学であり，(非相対論的)量子力学の基礎方程式は Schrödinger 方程式である．一方，ここ 30 年あまりの研究により，Schrödinger 方程式は，数理解析的にも内容が大変豊かな方程式であることが示されてきた．そこで，題材を Schrödinger 方程式の数理と定めて，入門的ながらある程度の数学的展開を示してみようというのが，著者の目論見である．Schrödinger 方程式の数理にかかわる研究分野はいろいろあるが，そのような専門分野の解説は目指していない．むしろ，量子論になじんでいるとは限らない理工系の学部学生を対象とするセミナーで使えるような本，を念頭において，Schrödinger 方程式の数理の基礎知識をできるだけ伝えるように心がけた．数学の予備知識は微分積分学と線形代数とし，それを超えるものは第 2 章と §6.4 にまとめた．ただし，量子力学では複素数値関数が主役だから，複素数へのなじみが求められる．また，2 箇所だけ，複素積分を引用したところがある．

von Neumann の定式化以来量子力学の数理と Hilbert 空間は不可分である．Hilbert 空間の理論のかなめは完備性であり，これを関数空間で実現しようとすれば，Lebesgue 積分の知識が欠かせない．しかし，本書では，最小限の解説をして Lebesgue 積分を使うという道は取らなかった．逆に，完備性をバイパスして，行けるところまで行ってみよう，というのが本書の試みである．自己共役作用素のスペクトル定理が使えないのは大きな制約であり，本書で取り上げた

題材もそれなりに限られている．しかし，Hilbert 空間を表に出さなかったことによって，結果として Schrödinger 方程式の古典解析的な数理への入門という雰囲気が出たとすれば，本書の表題にかえって近くなっているのかもしれない．

第 1 章で Schrödinger 方程式を提示し，その由来を述べた．これは，著者の任ではないのだが，いろいろな本を参照しながらあえて書いたもので，専門の方はお見逃しいただきたい．第 3, 4 章では陽に解ける問題の典型である自由粒子と調和振動子を扱った．量子力学の教科書でおなじみのことが多いが，一部古典解析（微分積分）の範囲内でやや突っ込んだ議論もした．第 6 章では，陽に解けない一般の場合に，Schrödinger 方程式の解の存在を証明する一つの方法を示した．これらの章では，議論は Schwartz 空間（いわゆる空間 S）を舞台として展開されている．第 5 章では，舞台はやや曖昧になり，Lebesgue 空間 L^2 の言葉も何となく使いながら，Schrödinger 作用素のスペクトルに関するごく初歩的な解説をした．スペクトル表現の実例をあと一つ二つ入れたかったが，時間と紙数の関係であきらめた．本文は Schrödinger 方程式の数理への入門であったが，これにつながる研究分野の一つとして，数学的散乱理論がある．付録 A では，第 3 章で展開した方法の応用を示すことも兼ねて，数学的散乱理論の今までの発展についての簡単な解説をし，最新の分野との橋渡しを試みた．

説明の中で，計算の確認程度のことは，問としたところがある．各章末の演習問題は，本文で証明を省いたところ，述べ残したことが中心になっていて，難しいものもあるが，かなりのヒントをつけておいたから，できるだけ解いていただきたい．第 2 章の後，第 3, 4, 6 章はほとんど独立に読めるであろう．第 5 章は第 3, 4 章の後で読まれるのが順当である．付録は，Schrödinger 方程式の解の存在を認めれば，第 3 章のあとで読んでもよい．

第 1 章または第 3 章の原稿を読んで下さった，田村英男，谷島賢二，中村周の諸氏，第 4 章で著書から重要な引用をさせていただいた吉川敦氏，目次の英訳を見せたところ早速目を通して下さった Arne Jensen 氏を始め，多くの方々から貴重な示唆をいただいたことに感謝を申し上げる．また，終始お世話になった岩波書店編集部の方々にお礼を申し上げる．

1994 年 11 月

黒 田 成 俊

単行本化に際して

 本書は岩波講座『応用数学』の「量子物理の数理」として 1994 年に出版したものの単行本化である．講座では水素原子の固有値問題について述べる余裕がなかったのが心残りであったが，今回「付録 B」としてこれを追加することが出来た．これで量子力学の数理への入門として，一応のまとまりが得られたのではないかとひそかに喜んでいる．そのほか，1997 年の第 2 刷発行後も残っていた誤り，誤植を訂正した．またごく一部で表現を改めたところがある．
 岩波書店編集部の方々，特に水素原子の固有値問題を加えたいという著者の希望を快く受け入れてくださった吉田宇一さん，講座執筆のときお世話になった濱門麻美子さん，今回お世話になった永沼浩一さんに厚くお礼を申し上げる．
 2007 年 2 月

黒 田 成 俊

目次

まえがき

第1章 Schrödinger 方程式 ... 1
§1.1 Schrödinger 方程式 ... 1
(a) Hamilton の方程式 ... 1
(b) Schrödinger 方程式 ... 3
(c) 3次元空間内の運動 ... 4
§1.2 Schrödinger 方程式の由来 ... 5
(a) 惑星運動と水素原子 ... 5
(b) 前期量子論 ... 7
(c) 1次元調和振動子と量子条件 ... 8
(d) 波動に関する復習 ... 8
(e) 光の粒子性 ... 9
(f) 物質波と Schrödinger 方程式 ... 10
(g) 状態間遷移 ... 12
§1.3 量子力学と Hilbert 空間 ... 13
(a) 存在確率と波束 ... 13
(b) 観測可能量と作用素 ... 15
(c) 量子力学の数学的枠組み ... 16
(d) 定常状態とスペクトル ... 17
§1.4 方程式の係数の正規化 ... 18
演習問題 ... 19

第2章 数学の準備 ... 21
§2.1 内積空間, Hilbert 空間 ... 21
(a) 内積空間 ... 21
(b) 線形作用素 ... 23

§2.2 Schwartz 空間 $\mathcal{S}$ · 25
  (a) Schwartz 空間 · 25
  (b) $\mathcal{S}$ と微分積分 · 27
§2.3 Fourier 変換 · 30
  (a) 定義と主な性質 · 30
  (b) 前項の定理の証明 · 32
§2.4 緩増加超関数 · 35
  (a) 定義と例 · 35
  (b) 超関数の微分 · 36
  (c) 超関数と緩増加関数との積 · · · · · · · · · · · · · · · 36
  (d) Sobolev 空間 · 36
  (e) 緩増加超関数の Fourier 変換 · · · · · · · · · · · · · · 37
演習問題 · 38

第3章 自由粒子 · 41

§3.1 Schrödinger 方程式の解 · · · · · · · · · · · · · · · · · · 41
  (a) パラメータ $\hbar$ を含む Fourier 変換 · · · · · · · · · · · 41
  (b) Fourier 変換による解 · · · · · · · · · · · · · · · · · · · 43
  (c) 解の積分核による表示 · · · · · · · · · · · · · · · · · · 46
  (d) Hilbert 空間 L^2 での解 · · · · · · · · · · · · · · · · · · 48
§3.2 解の漸近的性質と自由粒子の運動 · · · · · · · · · · · · 49
  (a) 無限遠方への拡散 · 49
  (b) 解の漸近形 · 50
  (c) 位置分布の漸近形 · 52
§3.3 不確定性原理と交換関係 · · · · · · · · · · · · · · · · · · 55
  (a) Gauss 型波束の広がり · · · · · · · · · · · · · · · · · · 55
  (b) 不確定性原理と交換関係，一般論 · · · · · · · · · · 56
  (c) 不確定性原理と交換関係，位置と運動量 · · · · · · 58
§3.4 自由粒子の運動再説 · 60
  (a) 伸張作用素 · 60

	(b)	発展作用素再訪 ・・・・・・・・・・・・・	61
	(c)	漸近速度の作用素 ・・・・・・・・・・・	62
演習問題		・・・・・・・・・・・・・・・・・・・・	63

第4章　調和振動子 ・・・・・・・・・・・・・・・・・ 65

§4.1　問題の設定 ・・・・・・・・・・・・・・・・・・ 65
- (a) 1次元調和振動子の固有値問題 ・・・・・・・ 65
- (b) 抽象的な設定 ・・・・・・・・・・・・・・ 66

§4.2　固有値問題の解析 ・・・・・・・・・・・・・・・ 68
- (a) 昇降演算子 ・・・・・・・・・・・・・・・ 68
- (b) H の固有値問題 ・・・・・・・・・・・・・ 69

§4.3　1次元調和振動子の固有値問題 ・・・・・・・・・ 71
- (a) 固有値問題の解，Hermite 多項式 ・・・・・・ 71
- (b) Hermite 多項式の性質 ・・・・・・・・・・ 74

§4.4　正規直交基底 ・・・・・・・・・・・・・・・・・ 75
- (a) 正規直交系 ・・・・・・・・・・・・・・・ 76
- (b) 完全正規直交系 ・・・・・・・・・・・・・ 77
- (c) 調和振動子の固有関数系の完全性 ・・・・・・ 78

§4.5　固有関数展開 ・・・・・・・・・・・・・・・・・ 79
- (a) 固有関数展開と H の対角化 ・・・・・・・・ 79
- (b) 固有関数展開の一様収束 ・・・・・・・・・・ 81
- (c) Schrödinger 方程式の解 ・・・・・・・・・・ 82

演習問題 ・・・・・・・・・・・・・・・・・・・・ 85

第5章　Schrödinger 作用素とスペクトル ・・・・・・・ 87

§5.1　スペクトル表現 ・・・・・・・・・・・・・・・・ 87
- (a) スペクトル表現とは ・・・・・・・・・・・ 87
- (b) 固有関数展開とスペクトル表現 ・・・・・・・ 89

§5.2　スペクトル表現の例 ・・・・・・・・・・・・・・ 90
- (a) 自由粒子のエネルギー表現 ・・・・・・・・・ 90
- (b) Stark 効果のハミルトニアン ・・・・・・・・ 92

§5.3 スペクトルとレゾルベント ･････････････ 93
  (a) スペクトル表現とスペクトル ･････････ 93
  (b) 自己共役作用素のスペクトルとレゾルベント ････ 95
  (c) 自由粒子のレゾルベント ･･･････････ 96
§5.4 Schrödinger 作用素のスペクトル ････････ 97
  (a) 本質的スペクトル ･･･････････････ 97
  (b) 真性スペクトルと離散スペクトル ･･････ 99
  (c) Schrödinger 作用素のスペクトル ･･････ 99
演習問題 ･･････････････････････････ 100

第6章 ポテンシャルのある Schrödinger 方程式 ････ 103
§6.1 解の存在定理 ･････････････････････ 103
  (a) 問題の設定 ･･････････････････ 103
  (b) 解の一意性 ･･････････････････ 104
  (c) ξ 空間の積分方程式への転換 ･･････ 106
§6.2 積分方程式の解の構成 ･････････････ 106
  (a) 解を構成する距離空間 ･･････････ 107
  (b) 積分方程式の解, Neumann 級数の応用 ･･ 108
  (c) 積分方程式の解, 一意性と解の延長 ････ 110
§6.3 存在定理の証明 ･･･････････････････ 111
§6.4 Banach 空間についてのまとめ ･･･････ 114
  (a) Banach 空間 ･････････････････ 114
  (b) 有界線形作用素, Neumann 級数の方法 ･･ 115
演習問題 ･･････････････････････････ 116

付録A 漸近自由解と波動作用素, 散乱作用素 ････ 117
§A.1 波動作用素 ･････････････････････ 117
§A.2 短距離型ポテンシャルと波動作用素の存在 ････ 119
§A.3 波動作用素の完全性と数学的散乱理論 ････ 120

付録B 水素原子の固有値問題 ･･････････････ 122
§B.1 水素原子のハミルトニアン ･････････ 123

§B.2	極座標による変数分離 ・・・・・・・・・・・・・	125
§B.3	H_l の固有値問題 ・・・・・・・・・・・・・・・・	129
§B.4	水素原子のハミルトニアンの固有値問題 ・・・・・・	134

参考書 ・・・・・・・・・・・・・・・・・・・・・・・・・ 137

演習問題解答 ・・・・・・・・・・・・・・・・・・・・・・ 141

索引 ・・・・・・・・・・・・・・・・・・・・・・・・・・ 149

第1章
Schrödinger 方程式

　まえがきで述べたように，本書では Schrödinger 方程式の数理に話を絞る．本章では Schrödinger 方程式を提示して，物理的な背景を少し眺めてみる．古典力学が Newton の方程式を公理として出発したように，量子力学は Schrödinger 方程式から出発する．§1.1 (a) で Newton の方程式を Hamilton の方程式の形に書いて，ハミルトニアンを導入し，§1.1 (b) で Schrödinger 方程式を提示する．§1.2 では Schrödinger 方程式の由来についての簡単な解説を試みる．これはあくまで背景説明であって，数理的には，Schrödinger 方程式を公理として出発して論理を展開し，物理的な意味も含めて Schrödinger 方程式の性質を明らかにすることが目標とされる．§1.3 では，波動関数の物理的解釈から出発して量子力学の一つの数学的枠組みを述べ，後章への導入とする．

§1.1　Schrödinger 方程式

(a)　Hamilton の方程式

　古典力学 (Newton 力学) の復習から始める．直線上を運動する質量 m の質点を考える．質点に働く力は質点の位置 x のみで定まり，しかもポテンシャル $V(x)$ から導かれる力であると仮定する．そのとき時刻 t における質点の位置 $x(t)$ は Newton の運動方程式

$$m\ddot{x}(t) = -V'(x(t)) \tag{1.1}$$

を満たす．ここで，習慣に従って t での微分を ˙ で，x での微分を ′ で表した．

この方程式は 2 階の微分方程式であるから，$x, \dot{x}$ の初期値 $x(0), \dot{x}(0)$ を定めれば，解は一意的に定まる[*1]．

方程式 (1.1) は 1 階の連立方程式に直せる．すなわち

$$p(t) = m\dot{x}(t),$$
$$H(p,x) = \frac{1}{2m}p^2 + V(x)$$

とおくと，$x(t), p(t)$ は **Hamilton の方程式**

$$\begin{cases} \dot{x}(t) = \dfrac{\partial}{\partial p}H(p(t), x(t)), \\ \dot{p}(t) = -\dfrac{\partial}{\partial x}H(p(t), x(t)) \end{cases} \quad (1.2)$$

を満たすことが分かる．$p(t)$ は質点の運動量であり，p, x の関数 $H(p,x)$ はハミルトニアンと呼ばれる[*2]．その第 1 項は系の運動エネルギーに，第 2 項はポテンシャル・エネルギーに対応し，したがってハミルトニアンは系の全エネルギーを表す量である．H は量子力学で基本的な役割を演じる．

方程式 (1.2) の解は初期値 $x(0), p(0)$ を定めれば一意的に定まる．そして，解は xp 平面内の軌道 (点 $(x(t), p(t))$ の軌跡) として表される．

例 1.1 (1 次元調和振動子)　バネ定数 κ のバネに質量 m の質点がついている振動系では，ポテンシャル $V(x)$ は

$$V(x) = \frac{1}{2}\kappa x^2$$

である．このとき，(1.2) の一般解は $\omega = \sqrt{\dfrac{\kappa}{m}}$ として

$$x(t) = A\cos(\omega t + \delta),$$
$$p(t) = -Am\omega \sin(\omega t + \delta)$$

で与えられる．これは振動数 $\nu = \dfrac{\omega}{2\pi}$ の周期運動で xp 平面内の軌道は楕円

$$\frac{x^2}{A^2} + \frac{p^2}{(m\omega A)^2} = 1 \quad (1.3)$$

[*1] $V(x)$ に適当な条件をつけねばならないが，本章ではそういうことには拘らない．

[*2] Hamilton の方程式では，運動量 p，と位置座標 x とは対になっている (正準変数)．これらを p, q で表すのが慣習であるが，本書を通じて粒子の位置を表す変数には $x (y, \cdots)$ を用いるので，ここでも q でなく x を使った．

である.軌道上では H の値は一定で (これはエネルギー保存則として一般的に保証されている),それを E とすると

$$E = \frac{1}{2}m\omega^2 A^2 \tag{1.4}$$

となる. □

(b) Schrödinger 方程式

　量子力学の基本方程式は Schrödinger 方程式である.それは,古典力学の Hamilton の方程式とはまったく違う形をしている.Schrödinger 方程式が発見された由来についての説明は次節に回して,本項では天下りに方程式の形だけを提示する.

　古典力学では,質点 (1粒子系) の時刻 t における状態は,位置と運動量,すなわち $(x(t), p(t))$ によって指定された.量子力学では,1粒子系 (もはや質点とは呼ばない) の状態を指定するのは,その粒子にともなう物質波の状態を表す関数 $\psi(x,t)$ である.$\psi(x,t)$ は x と t の複素数値関数であって**波動関数**と呼ばれる.Schrödinger 方程式は,$\psi(x,t)$ の時間発展を規定する偏微分方程式であって,次のように書かれる:

$$i\hbar\frac{\partial}{\partial t}\psi(x,t) = -\frac{\hbar^2}{2m}\frac{\partial^2}{\partial x^2}\psi(x,t) + V(x)\psi(x,t). \tag{1.5}$$

ここで,i は虚数単位,m は粒子の質量,$\hbar$ は Planck の定数と呼ばれる基本定数 h を 2π で割ったものである:$\hbar = \dfrac{h}{2\pi}$.また,$V(x)$ はポテンシャルで実数値関数である[*3].

　方程式 (1.5) は,t について1階であって,ψ の初期値 $\psi(x,0)$ を与えれば解が一意的に決まるという性質を持つ[*1].x について2階であることは熱伝導方程式と同じであるが,左辺にiがあるため方程式の性質は異なる.$|\psi|$ に関して2次同次の保存量を持つという点では波動方程式に近く,物質波の伝播の様子を規定する方程式である.

　方程式 (1.5) が時間的に単振動する解

$$\psi(x,t) = \varphi(x)\mathrm{e}^{-\mathrm{i}(E/\hbar)t} \tag{1.6}$$

[*3] 以下,本書ではポテンシャル $V(x)$ は常に実数値関数であると約束する.

を持ったとすると，$\varphi(x)$ は方程式

$$-\frac{\hbar^2}{2m}\frac{\mathrm{d}^2}{\mathrm{d}x^2}\varphi(x) + V(x)\varphi(x) = E\varphi(x) \tag{1.7}$$

を満たす．$\varphi(x)$ は系の**定常状態**を表す関数である．方程式 (1.7) も **Schrödinger 方程式**と呼ばれる．

以上，簡単のため x の空間が 1 次元の場合で話をしたが，次節に進む前に，3 次元の場合の方程式を書いておく．

(c) 3 次元空間内の運動

3 次元でも記号上の注意がいるだけで，方程式の形は同様である．以下，本書で用いる 3 次元関係の記号をまとめ，3 次元の形での方程式を書き連ねる．

3 次元空間を $\mathbf{R}^3$ で表し，$\mathbf{R}^3$ の点を $x = (x_1, x_2, x_3) \in \mathbf{R}^3$ と記す．x は原点から点 x にいたるベクトルとも考える．ベクトルの内積，長さ (絶対値) は

$$xy = x \cdot y = x_1 y_1 + x_2 y_2 + x_3 y_3, \tag{1.8}$$

$$x^2 = x \cdot x = x_1^2 + x_2^2 + x_3^2, \qquad |x| = \sqrt{x^2} \tag{1.9}$$

である．なお，本書では 3 次元の点 (ベクトル) を表すのにも x を用い，太字 $\boldsymbol{x}$ は用いないので，$\boldsymbol{x}$ や $\boldsymbol{r}$ に慣れている読者は注意していただきたい．

微分に関係する記号

$$\nabla = \left(\frac{\partial}{\partial x_1}, \frac{\partial}{\partial x_2}, \frac{\partial}{\partial x_3}\right), \qquad \nabla f(x) = \left(\frac{\partial f}{\partial x_1}, \frac{\partial f}{\partial x_2}, \frac{\partial f}{\partial x_3}\right),$$

$$\triangle = \frac{\partial^2}{\partial x_1^2} + \frac{\partial^2}{\partial x_2^2} + \frac{\partial^2}{\partial x_3^2}, \qquad \triangle f(x) = \frac{\partial^2 f}{\partial x_1^2} + \frac{\partial^2 f}{\partial x_2^2} + \frac{\partial^2 f}{\partial x_3^2}$$

も頻用する．∇ はグラディエント (gradient) またはナブラ (nabla) と読み，$\triangle$ はラプラシアン (Laplacian) と読む．

ハミルトニアンは p, x の関数で詳しく書けば

$$H(p, x) = H(p_1, p_2, p_3, x_1, x_2, x_3)$$

である．∇ を変数 p にだけ作用させるとき，それを ∇_p と書く．$\nabla_p H(p, x)$ は 6 変数の 3 成分ベクトル関数である．$\nabla_x H(p, x)$ も同様．

これらの記号を用いると，Hamilton の方程式 (1.2)，Schrödinger 方程式 (1.5)，

(1.7) の 3 次元版は次のように書かれる．

$$\begin{cases} \dot{x}(t) = \nabla_p H(p(t), x(t)), \\ \dot{p}(t) = -\nabla_x H(p(t), x(t)). \end{cases} \quad (1.10)$$

$$i\hbar \frac{\partial}{\partial t}\psi(x,t) = -\frac{\hbar^2}{2m}\triangle\psi(x,t) + V(x)\psi(x,t). \quad (1.11)$$

$$-\frac{\hbar^2}{2m}\triangle\varphi(x) + V(x)\varphi(x) = E\varphi(x). \quad (1.12)$$

これらの方程式についてはこれ以上の説明を要しないであろう．

§1.2　Schrödinger 方程式の由来

前節では主役に早く登場してもらうべく，Schrödinger 方程式を唐突に提示した．では，この基本的な方程式はどのようにして発見されたのであろうか．Schrödinger 方程式の数理を展開するには方程式から出発すれば十分であるが，その場合でも方程式の背景，由来を知っておくことはやはり大切である．ここで物理の話をするのは，著者の任ではないのだが，巻末の参考書 [1]–[6] を参照しつつ著者の理解の範囲で簡単な説明を試みる[*4]．

M. Planck による作用量子の発見 (1900 年) から量子力学の確立 (1926 年頃) に到る過程を詳しく知るには巻末の参考書 [1] の 1 巻以上におよぶ丁寧な解説を読むとよい．また，量子力学の多くの教科書には，始めの部分に量子力学の形成過程についての解説がある．興味のある読者は，是非これらに当たって，自らの理解を深めていただきたい．

(a)　惑星運動と水素原子

古典力学，量子力学共に，理論の形成段階で，その正しさの証左となる決定的な適用例を持っていた．古典力学については惑星運動の解析，量子力学については水素原子のスペクトルの解析，がそれである．むしろこれらの現象を数理的に解明しようとすることが，両力学形成の原動力であったといってもよい

[*4] 用語については，物理学辞典，培風館，1984 も参照した．

であろう．惑星運動，原子のスペクトル線どちらも観測される事象 (天球に投射された惑星の軌跡またはスペクトル線の配置) は一見複雑に見えるが，その基にある力学構造は単純な系であった．単純とは，実質的に 2 体問題として扱えること，最も基本的な力 (万有引力，Coulomb 力) 以外の夾雑物 (摩擦とか空気抵抗とか) がないこと，などをいう．この単純さのゆえに，それでも必要な計算はかなり複雑だが，とにかく解析が数理的に何の曖昧さもなく鮮やかになされたことが，古典力学，量子力学を確立したといっても過言ではないだろう．

太陽と惑星の間に作用する万有引力，水素の原子核と電子の間の Coulomb 力は，共に距離の 2 乗に反比例する力である．そこで，電磁気学の効果，すなわち電荷を持つ粒子が加速度運動をすると電磁波を射出して逐次エネルギーを失うこと，はとりあえず考慮外として両方の系に古典力学を適用するとすれば，ハミルトニアン $H(p,x)$ は形式的には同じである：

$$H(p,x) = \frac{1}{2m}p^2 - \gamma\frac{mM}{|x|}, \qquad H(p,x) = \frac{1}{2m}p^2 - \frac{e^2}{|x|} \qquad (1.13)$$

左側が惑星の場合で，m, M は惑星，太陽の質量，γ は万有引力定数である．右側が水素原子中の電子の場合で，m, e は電子の質量，電荷である．

このハミルトニアンを使って運動方程式を解くと解析解が求まり，周期運動 (楕円軌道) と無限遠に及ぶ運動 (双曲線軌道および楕円軌道との境い目としての放物線軌道) が出てくる．人工衛星の運動を精度よく扱うには多体問題としての扱いが必要で，解析解は求まらないが，それでも近似理論や数値解法など，複雑だが原理的な問題はないプロセスを経れば，人工衛星を打ち上げて，何年か後に天王星，海王星を順次訪問させるようなこともできる．

水素原子の場合には，電磁波の射出まで考慮に入れると困ることが起こる．原子核のまわりを運動する電子は電磁波を射出してエネルギーを失い，終局的に原子核に吸収されてしまうはずである．すなわち，電子の周期運動 (定常状態) は存在しない．水素原子は安定な原子であるが，そのことは数理的には何らかの定常状態の存在として捉えるのが妥当であろうから，定常状態が存在しないのは困る．もう一つの重要な事実は，水素に限らず一般に原子から射出される光の振動数 (波長) は連続的ではなく，いくつかの特定の振動数の光だけが射出されること (線スペクトルの出現) である．ところが，運動する電子が逐次

にエネルギーを失って光を射出するとすれば，光の振動数は連続的に変化するはずで，線スペクトルにはならない．

それでは，水素原子について
(1) 定常状態の存在の導出
(2) 線スペクトル出現の説明および各スペクトル線の光の振動数の計算

はどのようにしてなされるのだろうか．すでに，1900年に M. Planck は黒体放射に関する Planck の放射法則の基礎づけとして，振動数 ν の振動体のエネルギーは $h\nu$ の整数倍の値しかとれないという**量子仮説**を導入していた．ここで，h は **Planck の定数**と呼ばれる基礎物理定数で，その値は $h = 6.6256 \times 10^{-34}$ J·s である．本書では，Planck までは遡らないが，この量子仮説を念頭においていただいた上で，(1), (2) について，まず前期量子論，次に Schrödinger 方程式の順で説明していく．計算例としては水素原子より簡単な 1 次元調和振動子をモデルにとる．

(b) 前期量子論

N. Bohr が 1913 年に提唱した．骨子は次の通り．

(A) 電子は (1.13) をハミルトニアンとする古典力学の方程式に従って運動する．

(B) (A) で決まる無数の運動状態のうち，特定の条件を満たすものだけが定常状態として許される．その結果定常状態には S_n のように番号がつけられる．

(C) 光の射出または吸収は電子が定常状態の間を遷移することによって起こる．定常状態 S_n, $S_{n'}$ の持つエネルギーを E_n, $E_{n'}$ とし，$E_{n'} > E_n$ としよう．このとき，電子が状態 $S_{n'}$ から S_n に遷移するのに伴って，振動数

$$\nu = \frac{E_{n'} - E_n}{h} \qquad (1.14)$$

の光が射出される[*5]．

N. Bohr はこの考えにより水素の線スペクトルに出現する光の振動数を精度よく計算することに成功した．仮定 (A), (B) は前期量子論のみのものであるが，

[*5] ただし，実際には選択則があって，遷移が起こる (n, n') には制限がつく．

仮定 (C) は量子論を通じてかなめとなる基本的な仮定となった．射出される光の振動数は，電子の定常状態のエネルギー (振動数) によって決まるのではなく，遷移に関係する二つの状態のエネルギー (振動数) の差によって決まるというところが革新的である．(1.14) を **Bohr の振動数条件**という．

(c) 1 次元調和振動子と量子条件

仮定 (B) に出てきた特定の条件として N. Bohr が用いた条件は角運動量が $\hbar$ の整数倍であるというものであった．M. Planck はそれより以前に，1 次元調和振動子に対して条件

$$\oint p\,dx = nh \tag{1.15}$$

を考えた．例 1.1 で見たように，1 次元調和振動子の運動の軌道は xp 平面における楕円であるが，(1.15) の左辺はその軌道に沿っての線積分，したがって楕円の面積を表す[*6]．右辺の h は Planck の定数である．さて，軌道の方程式 (1.3) で決まる楕円の面積は $\pi m \omega A^2$ であるから，(1.15) より A の値としては $\pi m \omega A_n^2 = nh$ で決まる A_n のみが許される．この A_n に対応するエネルギーは (1.4) より

$$E_n = nh\nu$$

となる．このような E_n を**エネルギー準位**という．仮定 (C) によれば 1 次元調和振動子から射出される光の振動数は，$(n'-n)h\nu$，したがって，$h\nu$ の整数倍となる[*7]．

(d) 波動に関する復習

Schrödinger 方程式に進む前に波動に関する基本事項について復習をしておく[*8]．簡単のため 1 次元で考える．x 軸上を進行する波は，関数 $A\sin(kx-\omega t+\delta)$ で表される．今後複素形で考える方が都合がよいので，典型的な波動として

[*6] ただし，楕円上を負の向き (時計回り) に 1 周するとする．

[*7] 実際は，これと逆の推論で量子条件 (1.15) が導き出された (巻末の参考書 [2] §1.5 参照)．

[*8] 今井功，古典物理の数理，岩波書店，2003 の §4.2, §4.3 にもっと詳しい説明がある．併読をすすめる．

§1.2 Schrödinger 方程式の由来

$$\varphi(x,t) = e^{i(kx-\omega t)} \qquad (1.16)$$

を考えよう．t を固定したときの x についての周期すなわち**波長**を λ，x を固定したときの t についての**周期**を T，**振動数**を ν とすると，次の関係がある．

$$\lambda = \frac{2\pi}{k}, \qquad T = \frac{2\pi}{\omega}, \qquad \nu = \frac{1}{T} = \frac{\omega}{2\pi}. \qquad (1.17)$$

k を**波数**，ω を**角振動数**という．a を定数として，$kx - \omega t = a$ で決まる点 x が進行する速度 v が波の速度 (位相速度) であり，次の関係が成り立つ：

$$v = \frac{\omega}{k} = \nu\lambda.$$

k と ω の関係は，φ が満たす方程式によって決まる．例えば，φ が古典的な波動方程式 (ただし，物理定数は便宜上 1 とする)

$$\frac{\partial^2}{\partial t^2}\varphi(x,t) = \frac{\partial^2}{\partial x^2}\varphi(x,t)$$

を満たすとすれば，k, ω は

$$\omega^2 = k^2, \quad \text{したがって} \quad \omega = \pm|k|$$

を満たさねばならない．一般に，関係 $\omega = \omega(k)$ を**分散関係**という．

(e) 光の粒子性

A. Einstein が 1905 年に提唱した光量子説によれば，光は波動性と共に粒子性を持ち，振動数 ν の光は次の関係で定まるエネルギー E，運動量 p を持つ粒子 (光子と呼ばれる) の集まりであると考える：

$$E = h\nu, \qquad p = \frac{h}{\lambda}. \qquad (1.18)$$

左側の関係は，Planck のエネルギー量子に関する基本関係と同じである．右側の関係をもっともらしくみせる一つの方法は次の通り．相対性理論によると粒子の質量 m，エネルギー E，運動量 p の間に次の関係が成り立つ：

$$E = \sqrt{m^2c^4 + c^2p^2}. \qquad (1.19)$$

ここで，c は光の速度である．光子については $m = 0$ だから，$E = h\nu$ と $c = \nu\lambda$ を使えば

$$p = \frac{E}{c} = \frac{h\nu}{c} = \frac{h}{\lambda}.$$

((1.19) と電磁波の運動量の公式を組み合わせると, $m = 0$ と $p = E/c$ が同時に出てくる. (巻末の参考書 [5] の 51 頁参照.) また, [1] の 59 頁以下では, 光の圧力の性質から $p = h/\lambda$ が導かれている.)

(f) 物質波と Schrödinger 方程式

1924 年に de Broglie は電子も粒子性と共に波動性を持つと考えるべきことを提唱し, エネルギー E, 運動量 p を持つ電子は, 波動としては (1.18) で決まる振動数 ν, 波長 λ を持つべきものとした. (1.18) を **Einstein–de Broglie の関係**という[*9]. 以下, この関係と電子が古典力学に従うとすれば成り立つ関係

$$E = \frac{p^2}{2m} \tag{1.20}$$

から出発して Schrödinger 方程式にいたる一つの道筋をたどってみる.

関係 (1.18) の両式の右辺で, ν, λ をそれぞれ ω, k で表すと,

$$E = \hbar\omega, \qquad p = \hbar k \tag{1.21}$$

という関係が出てくる. 一方, (1.16) の波動 $\varphi(x,t)$ に対しては $\hbar\omega\varphi = \mathrm{i}\hbar\dfrac{\partial}{\partial t}\varphi$, $\hbar k\varphi = -\mathrm{i}\hbar\dfrac{\partial}{\partial x}\varphi$ が成り立つ. これと (1.21) から, (1.16) の φ は (1.18) のもとでは

$$E\varphi = \mathrm{i}\hbar\frac{\partial}{\partial t}\varphi, \qquad p\varphi = -\mathrm{i}\hbar\frac{\partial}{\partial x}\varphi \tag{1.22}$$

を満たすことが分かる. さらに $p^2\varphi = (\hbar k)^2\varphi = -\hbar^2\dfrac{\partial^2}{\partial x^2}\varphi$ だから, 関係 (1.18), (1.20) のもとでは φ は

$$\mathrm{i}\hbar\frac{\partial}{\partial t}\varphi(x,t) = -\frac{\hbar^2}{2m}\frac{\partial^2}{\partial x^2}\varphi(x,t) \tag{1.23}$$

を満たすことが分かった. (1.23) はまさに $\varphi(x,t)$ に対する Schrödinger 方程式 (1.5) にほかならない (ただし $V(x) = 0$).

[*9] 前期量子論における量子条件 (1.15) は粒子の波動性から説明することもできる. 水素原子の円軌道に沿って角を変数とする周期的な正弦波の存在を仮定すると, (1.18) から (1.15) が出てくる.

§1.2 Schrödinger 方程式の由来

Schrödinger 方程式に対する分散関係は

$$\omega = \frac{\hbar k^2}{2m}$$

となる．ここで k を $k/\hbar$ におきかえると

$$\psi(x,t) = \mathrm{e}^{-\mathrm{i}k^2 t/(2m\hbar)} \mathrm{e}^{\mathrm{i}(k/\hbar)x} \tag{1.24}$$

は (1.23) の解である．

一般に，ある関数に一定の規則で決まる他の関数を対応させる操作を，数学で**作用素**という (物理の文献では演算子ということが多い)．関係 (1.22) によると φ に対しては E (または p) を掛けることと，微分作用素 $\mathrm{i}\hbar\dfrac{\partial}{\partial t}$ (または $-\mathrm{i}\hbar\dfrac{\partial}{\partial x}$) を作用させることは等価である．一般の波動関数 $\psi(x,t)$ に対してはもちろんこうはいかない．しかし，関係 (1.20) を ψ に掛けた式 $E\psi = \dfrac{p^2}{2m}\psi$ で，強引に E, p を微分作用素 $\mathrm{i}\hbar\dfrac{\partial}{\partial t}$, $-\mathrm{i}\hbar\dfrac{\partial}{\partial x}$ に置き換えれば Schrödinger 方程式が出てくるという仕組みになっている．ポテンシャルがある場合には，$V(x)$ は単に $V(x)$ を掛けるという作用素に置き換えることにすると，次の規則が出てくる．

量子化の規則． ハミルトニアンが $\dfrac{p^2}{2m} + V(x)$ である系を考える．関係 $E = \dfrac{p^2}{2m} + V(x)$ において形式的に

$$E \longmapsto \mathrm{i}\hbar\frac{\partial}{\partial t}, \qquad p \longmapsto -\mathrm{i}\hbar\frac{\partial}{\partial x}, \qquad V(x) \longmapsto V(x)\cdot \tag{1.25}$$

という置き換えをした上で両辺を $\psi(x,t)$ に作用させれば，それが Schrödinger 方程式 (1.5) である．ここで $V(x)\cdot$ は $V(x)$ を掛けるという作用素を表す．

3 次元の場合には，p の置き換えが

$$p \longmapsto -\mathrm{i}\hbar\nabla \tag{1.26}$$

となるだけで，他はまったく同様である．

Schrödinger 方程式は 1926 年に E. Schrödinger によって発見された．(ただし，Schrödinger による推論は上のものとは異なる．)

注意 1.1 (1.20) から出発して (1.25) の置き換えをしたから，Schrödinger 方程式は t について 1 階，x について 2 階となった．もし (1.20) の代わりに $E^2 = c^2 p^2$ から出発すれば，波動方程式

$$\frac{\partial^2}{\partial t^2}\psi(x,t) = c^2 \frac{\partial^2}{\partial x^2}\psi(x,t)$$

が出てくる．また，(1.19) を 2 乗した $E^2 = m^2c^4 + c^2p^2$ から出発すれば Klein–Gordon の方程式

$$\hbar^2 \frac{\partial^2}{\partial t^2}\varphi(x,t) - \hbar^2 c^2 \frac{\partial^2}{\partial x^2}\varphi(x,t) + m^2 c^4 \varphi(x,t) = 0$$

が出てくる．

注意 1.2 ハミルトニアンがもっと一般の形をしている場合の量子化については演習問題 1.2 参照．

上では，$E = \dfrac{p^2}{2m} + V(x)$ で (1.25), (1.26) という置き換えをしたが，右辺のハミルトニアンの部分だけで置き換えをして得られる作用素

$$\begin{aligned} H &= -\frac{\hbar^2}{2m}\frac{\mathrm{d}^2}{\mathrm{d}x^2} + V(x) &\quad 1\text{ 次元の場合} \\ H &= -\frac{\hbar^2}{2m}\triangle + V(x) &\quad 3\text{ 次元の場合} \end{aligned} \tag{1.27}$$

をやはり**ハミルトニアン**という．ハミルトニアンという用語はもっと一般の系から出てくるものにも用いるが，特に (1.27) の形のものは，最近数学で定着してきた術語では，**Schrödinger 作用素**と呼ばれている．

(g) 状態間遷移

今までの説明で，前期量子論のところは Schrödinger 方程式とはほとんど関係しなかった．しかし，§1.2(b) の仮定 (C) は Schrödinger 方程式に基づく量子力学でも基本的な仮定となる．定常状態の Schrödinger 方程式 (1.7), (1.12) は固有値問題の形をしている．この方程式が $\varphi \not\equiv 0$ の解を持つとき E を**固有値**という．それは一般にとびとびの値 E_n をとり，定常状態のエネルギーに対応する．E_n が得られた上では，状態間遷移と光の射出の規則は §1.2(b) の仮定 (C) と同じである．なお，状態間遷移の機構まで説明する理論を作ろうとすれば，電磁場との相互作用を考慮せねばならないが，数学的に完全に満足できる理論はまだできていないと言ってよいであろう．

量子力学のどの本にも，Schrödinger 方程式が正しい方程式であるかどうかは実験事実をよく説明するかどうかで決まる，というようなことが書いてある．固有値問題 (1.7) を水素原子 ((1.13) の右側のハミルトニアン) の場合で解いて

みせて，水素原子のスペクトル線が精度良く計算されることを示せば，これまでの説明が具合よく完結するのであるが，それは1,2頁ではできない．量子力学のどの教科書にも書いてあることなので，ここでこれ以上の紙数を使うことはせず，学部レベルの数学で解析解が求められることだけを強調して，興味ある読者の自習にまつことにする．なお，調和振動子の固有値問題を解き，それを§1.2(c)の結果と比較することは第4章で行う．(単行本化に際し水素原子に関する付録Bを追加した．)

さて，今までの説明をどこまで納得されるかは読者次第として，とにかくSchrödinger方程式は発見され，それは物理的にも数理的にも内容豊富な方程式だったのである．物理的な話はあと少しとし，次章以降ではSchrödinger作用素の数理的側面に話を限って，その一端を見ていくこととする．

§1.3　量子力学とHilbert空間

(a)　存在確率と波束

前節までで Schrödinger 方程式が量子力学の基本方程式であることを述べた．では，波動関数 $\psi(x,t)$ は何を意味する量であるか．簡単のため1次元空間(直線) $\mathbf{R}^1$ で (1.5) に従う粒子を考える．$D \subset \mathbf{R}^1$ を直線上のある領域 (例えば区間) とし

$$p(t,D) = \int_D |\psi(x,t)|^2 dx \tag{1.28}$$

とおく．そのとき，粒子が時刻 t において領域 D に見出される確率は $p(t,D)$ に比例する，とするのが量子力学で定着している解釈である．$|\psi(x,t)|^2$ は**確率振幅**と呼ばれる．

方程式 (1.5) を使い，$V(x)$ は実数値であると約束したこと (§1.1(b)) も考慮して形式的な計算をすると，全空間での存在確率 $p(t,\mathbf{R}^1) \leq \infty$ の値は時間 t に関係しないことが分かる (演習問題 1.4 参照)．よって，今後次のように書く．

$$p(\mathbf{R}^1) = \int_{-\infty}^{\infty} |\psi(x,t)|^2 dx. \tag{1.29}$$

$0 \neq p(\mathbf{R}^1) < \infty$ であるときには，粒子は空間の一部に局在している．この

とき波動関数 ψ は**波束**を表すという．これに反して，$p(\mathbf{R}^1) = \infty$ であるような代表的な波である (1.16) は全空間に広がっている．波束を表す ψ については，$p(\mathbf{R}^1) = 1$ とするのが便利であり，そのとき波動関数は**正規化** (または規格化) されているという．

定常状態を表す波 (1.6) においては，$p(t, D)$ も t に無関係で，

$$p(t, D) = \int_D |\varphi(x)|^2 dx, \qquad p(\mathbf{R}^1) = \int_{-\infty}^{\infty} |\varphi(x)|^2 dx$$

が成り立つ．特に，正規化の条件は

$$\int_{-\infty}^{\infty} |\varphi(x)|^2 dx = 1$$

である．定常状態でなくても，$\psi(x, t)$ で t をとめてできる x の関数 $\varphi(x) = \psi(x, t)$ はその時刻における系の状態を表す関数であり，$\varphi(x)$ も**波動関数**と呼ばれる．

さて，$\mathbf{R}^1$ 上の複素数値関数 $\varphi(x)$ で条件

$$\|\varphi\|^2 = \int_{-\infty}^{\infty} |\varphi(x)|^2 dx < \infty \tag{1.30}$$

を満たすもの全体を一つの関数空間 (要素が関数であるような線形空間) とみて，それを仮に L^2 と書く．L^2 には内積 (φ, ψ) が定義されている．すなわち

$$(\varphi, \psi) = \int_{-\infty}^{\infty} \varphi(x) \overline{\psi(x)} dx. \tag{1.31}$$

内積や以下にでてくるノルム，Hilbert 空間等については§2.1 でまとめるが，物理と数学で記号上の習慣に違いがあることに注意しておく．(1.31) は数学式で，物理の文献では，

$$(\varphi, \psi) = \int_{-\infty}^{\infty} \overline{\varphi(x)} \psi(x) dx$$

と φ に $\overline{}$ をつける．

$\|\varphi\| = (\varphi, \varphi)^{1/2} \geqq 0$ を φ の**ノルム**という．しばらく，$\|\varphi\| = \infty$ であることも許すとすると，φ が波束を表すとは $\|\varphi\| < \infty$ であることであり，正規化の条件は $\|\varphi\| = 1$ と書ける．

L^2 を構成する関数の範囲としては，連続関数のように親しみやすい関数だけ

§1.3 量子力学と Hilbert 空間

でなく，もっと一般の関数を考えることになる．Lebesgue 積分の出番である．本書では Lebesgue 積分は使わないが，とりあえず次のようなものだと認識しておいていただきたい．まず，考える関数の範囲を連続関数よりもずっと広げる．それは，Lebesgue 可測性という連続性よりずっと一般的な性質によって規定される範囲である．そして，可測関数に対してその積分を定義していく．それが Lebesgue 積分である．そして，Lebesgue 可測な φ で，積分を Lebesgue 積分として (1.30) を満たすようなものの全体を L^2 とするのである．このように広い範囲の関数を取り入れると，L^2 は完備性 (=任意の Cauchy 列は極限を持つ) という性質を持つ．一般に，内積が定義されていて，完備な空間を Hilbert 空間という．波束を表す関数は Hilbert 空間 L^2 の関数である．

(b) 観測可能量と作用素

§1.2(f) で見たように，粒子の位置 x，運動量 p，さらにはハミルトニアン H は，量子力学では対応する作用素に置き換えられた．これらの作用素は，E に対応した時間微分の作用素を別とすれば t を含まない．したがって，x だけを変数とする関数に作用する作用素であると考える方が具合がよい．波動関数 $\psi(x,t)$ は x と t の関数であったが，t をパラメータとみて各 t ごとに x の関数を定めると考えればよい．

位置，運動量，ハミルトニアンのような量を観測可能量 (observable) という．一般的に，ある観測可能量を $\mathcal{A}$ で表し，それに対応する作用素を A で表そう．また，t は止めて考えるとして，ある t において波束の状態を表す関数を簡単に $\varphi(x)$ と書く．また，φ は正規化されていると仮定する．

さて，状態が φ で表される系で $\mathcal{A}$ を観測するとしよう．量子力学では，このとき観測値として確定値を予言することはできず，観測値の期待値 (平均値) $\langle \mathcal{A} \rangle$ のみが予言可能で，それは

$$\langle \mathcal{A} \rangle = \int_{-\infty}^{\infty} (A\varphi)(x)\overline{\varphi(x)}\mathrm{d}x = (A\varphi, \varphi) \tag{1.32}$$

で与えられるとする．(1.32) の積分が必ず収束するとは限らないのだが，本章ではそういうことには拘らないことにしている．

(c) 量子力学の数学的枠組み

今まで，存在確率，期待値と進んできたところによると，波束を表す波動関数は L^2 の関数であると見るのが順当である．そうすると，観測可能量に対応する作用素は空間 L^2 の中での作用素と見るのが順当であるが，もう一つ条件がいる．A の期待値は $(A\varphi, \varphi)$ であったが，これは実数でなければならない．それは，形式的には

$$(A\varphi, \psi) = (\varphi, A\psi), \qquad \forall \varphi, \psi \tag{1.33}$$

が成り立つことと同値で，対称性 (または Hermite 性) と呼ばれる性質である．数学的には，対称性より厳しい概念である自己共役性という概念があり，(1.32) とか (1.33) を考えるときには，A の定義域のことが効いてくるとか，対称性と自己共役性は峻別せねばならない (物理の本ではほとんど同義に使っている) とか，結局は完備性を使って議論することがいろいろあるが，今は目をつぶっておく．

以上のようなことを背景にして，量子力学の数学的な枠組みは次のように設定される．これは J. von Neumann による (1932)．

(1) ある系の量子力学的状態は，ある Hilbert 空間 X の要素 (ベクトル) によって指定される．ただし，定数倍しか違わないベクトルは同じ状態を表すものとする．

(2) 観測可能量は X の自己共役作用素に対応する．

観測可能量に対応する自己共役作用素の中でハミルトニアン H だけは特別の意味を持つ．すなわち，H は Schrödinger 方程式の中に現れて，波動関数の時間発展を規定する役割を担っている．それを，上の抽象的な枠組みの中で書くと次のようになる．時刻 t における系の状態は，t を変数とし X の中に値をとるベクトル値関数 $\psi(t)$ で表される．H は X の中の作用素だから，$\psi(t)$ に作用させることができる．すると，Schrödinger 方程式 (1.5), (1.7) はそれぞれ

$$i\hbar \frac{d}{dt}\psi(t) = H\psi(t), \tag{1.34}$$

$$H\varphi = E\varphi \tag{1.35}$$

と書ける．これが抽象的 Schrödinger 方程式である．

(d) 定常状態とスペクトル

方程式 (1.35) または (1.7) は固有値問題の形をしている．今，(1.7) について話をするとして，二つの場合が区別される．まず，$V(x) = 0$ の場合を考える．(1.16) で与えられる φ は $E = k^2$ としたときの方程式の解である．しかし，$|\varphi| = 1$ だから $\varphi(\cdot, t)$ は L^2 に属さない．これは，$V(x) = 0$ のときの Schrödinger 作用素 $H = -\dfrac{\hbar^2}{2m}\dfrac{\mathrm{d}^2}{\mathrm{d}x^2}$ が連続スペクトルを持つという事情に対応している．次に，調和振動子，すなわち $V(x) = \dfrac{1}{2}\kappa x^2$ の場合を考えよう．第 4 章で詳しく計算するが，$E = E_n = (n+1/2)h\nu$, $(\nu = (1/2\pi)\sqrt{\kappa/m})$ のとき (1.7) は L^2 に属する解を持つ．言い替えれば，この E_n に対しては波束としての定常状態が存在する．これは，調和振動子の Schrödinger 作用素が離散スペクトルを持つという事情に対応する．物理的に言えば，$V(x) = 0$ のときは電子は空間内を自由に運動するが，調和振動子のポテンシャルがあるとそれに妨げられて無限遠に伝播することができず，束縛状態を作るということになる．水素原子の場合には，$E < 0$ の部分が離散スペクトル，$E > 0$ の部分が連続スペクトルになる．

前項末の (1), (2) のような数学的枠組みから二つの流れが出てくる．一つは観測の理論であり，今一つは Schrödinger 方程式の数学的解析である．前者は，どちらかと言えば一般論で，量子力学の数学的ひいては物理的構造を解明していくことになる．後者はむしろ逆に，具体的な物理系に現れる Schrödinger 作用素の解析的な性質，構造を研究し，Schrödinger 方程式の解の性質，構造を調べることを目指す．これは，Schrödinger 作用素のスペクトル理論，数学的散乱理論へと発展する．隣接分野としては，Schrödinger 方程式またはそれを変形した方程式に基づく原子の安定性の理論とか，非線形 Schrödinger 方程式の研究などがある．

本書では観測の理論の方向には触れず，まえがきで述べたように Schrödinger 方程式の数理に話題を絞って話を進める．

§1.4 方程式の係数の正規化

Schrödinger 方程式の数理を考えるとき, 方程式の中の係数 $\hbar$, $\dfrac{\hbar^2}{2m}$ は, どうでもよいときには 1 にしてしまう方が簡便で都合がよい. どちらでも同じだから, 3 次元で話をする.

Schrödinger 方程式 (1.11) および (1.12) において変数変換 $x = ay$, $t = b\tau$ (ただし $a, b > 0$) を行う. 簡単な計算で分かるように (演習問題 1.3, (i)), a, b が関係

$$\frac{\hbar b}{2ma^2} = 1 \quad \text{すなわち} \quad b = \frac{2ma^2}{\hbar} \tag{1.36}$$

を満たすならば,

$$\widetilde{V}(y) = \frac{b}{\hbar} V(ay) = \frac{2ma^2}{\hbar^2} V(ay), \qquad \widetilde{E} = \frac{2ma^2}{\hbar^2} E,$$

$$\widetilde{\psi}(y,\tau) = \psi(ay, b\tau), \qquad \widetilde{\varphi}(y) = \varphi(ay)$$

とおいて, 方程式は

$$i\frac{\partial}{\partial \tau}\widetilde{\psi}(y,\tau) = -\triangle \widetilde{\psi}(y,\tau) + \widetilde{V}(y)\widetilde{\psi}(y,\tau). \tag{1.37}$$

$$-\triangle \widetilde{\varphi}(y) + \widetilde{V}(y)\widetilde{\varphi}(y) = \widetilde{E}\widetilde{\varphi}(y).$$

と変換される. 以後, 変数を x, t に戻し, $\sim$ もはずして, (1.11), (1.12) で係数が 1 となった形で議論することも多い. なお, このような計算を誤りなく行うことは, 単に係数を正規化するためだけでなく, 数値計算で計算機上のデータと現実の値とを誤りなく関連づけるのにも欠かせないことである (演習問題 1.3, (ii) 参照). なお, 係数の正規化としては $\triangle$ の前の係数を $1/2$ にする流儀もある. それは, $m = 1$, $\hbar = 1$ としたことに当たり, かえって都合がいいこともある.

注意 1.3 物理には単位に関連して次元というものがある. 例えば $\hbar$ の次元は ML^2T^{-1} である. 方程式 (1.11) では, 各項の次元は同じである. 方程式を (1.37) のように書くと, 各項の次元は違っているように見える. 実は, 変換 $x = ay$, $t = b\tau$ において, a は長さの次元を, b は時間の次元を持つとするのが妥当であろう. そうすると, y, τ は無次元量となり, (1.11), (1.12) は無次元量からなる方程式である.

演習問題

1.1 (1次元 Stark 効果) $H(p,x) = \dfrac{1}{2m}p^2 + eEx$ とする. ここで, e は電子の質量, E は外部電場の強さを表す.

(ⅰ) Hamilton の方程式 (1.2) の一般解を求めよ.

(ⅱ) 対応する Schrödinger 方程式 ($V(x) = eEx$) は
$$\psi(x,t) = e^{-i\alpha tx - i(\gamma/3)t^3} \tag{1.38}$$
の形の解を持つことを確かめ, α, γ の値を求めよ[*10].

1.2 (1次元ゲージ変換) $H(p,x) = \dfrac{1}{2m}(p - A(x))^2$ とする.

(ⅰ) Hamilton の方程式 (1.2) の一般解を求めよ.

(ⅱ) $\dfrac{1}{2m}(p-A(x))^2$ の中で $p \longmapsto -i\hbar\dfrac{\partial}{\partial x}$ という置き換えをして, Schrödinger 方程式
$$i\hbar\frac{\partial}{\partial t}\psi(x,t) = \frac{1}{2m}\left(-i\hbar\frac{\partial}{\partial x} - A(x)\right)^2 \psi(x,t)$$
を作る. $W(x) = \dfrac{1}{\hbar}\displaystyle\int^x A(t)dt$ とおく. この方程式の解で, $\psi(x,t) = \phi(t)\varphi(x)$ という型 (変数分離型) をもつものを求めよ. ($A(x) = 0$ のときは, 定数倍を別として (1.24) になる.)

(ⅲ) このハミルトニアンは, $A(x)$ をベクトル・ポテンシャルとする磁場があるときのポテンシャルの形をしているが, 1次元では $A(x) = 0$ の場合と等価 (ユニタリ同値) である. すなわち
$$e^{-iW(x)}\frac{1}{2m}\left(-i\hbar\frac{d}{dx} - A(x)\right)^2 (e^{iW(x)}\varphi(x)) = -\frac{\hbar^2}{2m}\frac{d^2}{dx^2}\varphi(x)$$
が成り立つ. これを確かめよ.

(ⅳ) $(p-A(x))^2$ を展開すると $p^2 + 2pA + A^2 = p^2 + 2Ap + A^2 = p^2 + Ap + pA + A^2$ と書ける. このそれぞれで $p \mapsto -i\hbar\dfrac{\partial}{\partial x}$ と置き換えると, どんな微分作用素がでてくるか. そのうちどれが $\left(-i\hbar\dfrac{\partial}{\partial x} - A(x)\right)^2$ と等しいか.

1.3

(ⅰ) §1.4 の計算をチェックせよ.

[*10] (1.38) の解は (1.6) の形の解, すなわち定常状態に伴う解ではない. Stark 効果については, §5.2 (b) でもう少し詳しく扱う.

(ii) (1.36) において，a を水素原子のサイズ程度にとれば，b は原子的な現象が起こる典型的な時間と考えてよかろう．a を Bohr 半径 5.292×10^{-11} m にとったときの b を計算せよ．ただし，m は 9.110×10^{-31} kg (電子の質量)，$\hbar = h/(2\pi)$ で h は 6.626×10^{-34} J·s とする．

1.4 (全確率の保存) (1.29) の $p(\mathbf{R}^1)$ が t によらない定数であることを確かめよ ($V(x)$ は実数値)．ただし，方程式の係数は正規化しておいてよい[*11]．

1.5

(i) 固有値問題

$$-\frac{\hbar^2}{2m}\frac{\mathrm{d}^2}{\mathrm{d}x^2}\varphi(x) = E\varphi(x), \qquad 0 < x < a, \tag{1.39}$$

$$\varphi(0) = 0, \quad \varphi(a) = 0 \tag{1.40}$$

の固有値，固有関数を求めよ．(これは，(1.7) で $V(x)$ を区間 $[0,a]$ では 0，その外では $+\infty$ にしたものとも考えられるし，弦の振動の問題でもある．)

(ii) 区間 $[0,a]$ の両端で反射されて，区間の中を等速で往復運動するような運動の，xp 平面における軌道はどのようになるか．その軌道に量子条件 (1.15) を適用して得られる E_n を (i) の E_n と比べよ．[ヒント：両端で運動の向きが変わるから，そこで軌道が不連続になるが，軌道の跳びを線分でつないで閉曲線を作って考えよ．]

(iii) (i) で固有値を小さい順に $E_1, E_2, \cdots$ と並べる．$\nu_{21} = (E_2 - E_1)/h$ が 2.47×10^{15} であるとすると，a は Bohr 半径の何倍になるか[*12]．(2.47×10^{15} は水素原子の第 2 エネルギー準位と第 1 エネルギー準位の差に相当する振動数である．可視光の振動数は $0.4 \sim 0.8 \times 10^{15}$ 程度．)

[*11] この問題では，微分を積分の中に入れることは自由にやってよい．また，$\psi(x,t)$ は $|x| \to \infty$ のとき 0 に近づくとして，境界項の出てこない部分積分も自由に使ってよい．

[*12] 水素原子の固有関数が 3 次元空間でどのくらいのひろがりをもっているかは，参考書 [1] の II 巻 §42, [2] の 291 頁にグラフで示されている．

第2章

数学の準備

この章では，次章以下で使う数学についてまとめる．まえがきで述べたような理由で，本書ではLebesgue積分が絡んでくる完備性の議論はできるだけバイパスしていく．したがって，抽象的には内積空間，関数空間としてはSchwartz空間(急減少C^∞級関数の空間)を主に用いる．§2.1, §2.2でこれらについてまとめた後，§2.3でFourier変換について簡単に解説する．§2.4で緩増加超関数に触れるが，本書では超関数は背景にとどまり，表にはでてこない．

本書では§2.3のFourier変換を受けて，第3章で自由粒子を先に扱う．一方，調和振動子を扱う第4章はごく一部を除いて§2.2に引き続いて読める．どちらを先に読まれてもよい．

§2.1 内積空間，Hilbert空間

(a) 内積空間

この節では内積空間，Hilbert空間について最小限必要な事項をまとめる．線形空間(ベクトル空間)の初歩については既知とする．本書で線形空間と言えば，それはすべて複素線形空間であると約束する．線形空間の要素をベクトルということもある．特に断りがないときには$u, v, \cdots, f, g, \cdots$等は線形空間の要素を表し，$\alpha, \beta, \cdots$等は複素数を表すものとする．

線形空間$\mathcal{D}$の任意の要素u, vに対して複素数(u, v)が定まっていて次の性質(1), (2), (3)が成り立っているとき，$\mathcal{D}$に内積が定義されているといい，(u, v)

を u と v との**内積**という．

(1) (準双線形性) $(\alpha u + \beta v, \gamma w + \delta z)$
$$= \alpha\overline{\gamma}(u,w) + \alpha\overline{\delta}(u,z) + \beta\overline{\gamma}(v,w) + \beta\overline{\delta}(v,z).$$
(2) (対称性) $(u,v) = \overline{(v,u)}.$
(3) (正値性) $(u,u) \geqq 0$ かつ $(u,u) = 0 \Longleftrightarrow u = 0.$

内積が定義されている線形空間を**内積空間**という．

注意 2.1 上では内積 (u,v) は u について線形，v について共役線形 (すなわち $(\alpha u, \beta v) = \alpha\overline{\beta}(u,v)$) であるとした．これは数学の習慣で，物理の文献では逆 (すなわち $(\alpha u, \beta v) = \overline{\alpha}\beta(u,v)$) になることが多い．

内積空間 $\mathcal{D}$ において
$$\|u\| = \sqrt{(u,u)} \geqq 0$$
を u の**ノルム**という．次の **Schwarz の不等式**，**三角不等式**はよく知られている．
$$|(u,v)| \leqq \|u\|\|v\|, \qquad \|u + v\| \leqq \|u\| + \|v\|. \tag{2.1}$$
$\mathcal{D}$ は $\|u - v\|$ を u と v の距離として距離空間になる．$\mathcal{D}$ における収束はこの距離による．すなわち，
$$\mathcal{D} \text{ において } u_n \to u \Longleftrightarrow \|u_n - u\| \to 0.$$

問 2.1 $u_n \to u, v_n \to v$ ならば $(u_n, v_n) \to (u,v)$ であることを示せ．

各項が $\mathcal{D}$ のベクトルであるようなベクトル値級数 $\sum_{n=1}^{\infty} u_n$ が $\mathcal{D}$ で収束するとは，$\lim_{N\to\infty} \sum_{n=1}^{N} u_n = u$ が存在すること，すなわち $\mathcal{D}$ のベクトル u が存在して
$$\left\|u - \sum_{n=1}^{N} u_n\right\| \to 0, \qquad N \to \infty$$
が成り立つことをいう．

内積空間 $\mathcal{X}$ が距離空間として完備であるとき，すなわち $\mathcal{X}$ のすべての Cauchy 列が収束列であるとき，$\mathcal{X}$ は **Hilbert 空間**であるという．

なお，複数の空間を考えているとき，どの空間のノルム，内積かを明示する必要があるときには，$\|u\|_{\mathcal{D}}, (u,v)_{\mathcal{D}}$ のような記号を用いるが，誤解の恐れがないときは，一律に $\| \|, (,)$ を用いる．

例 2.1 閉区間 $[a,b]$ 上の複素数値連続関数 f の全体 $C[a,b]$ は

$$(f,g) = \int_a^b f(x)\overline{g(x)}\mathrm{d}x \tag{2.2}$$

を内積として内積空間になる．(2.2) は関数空間における最も標準的な内積である．数列 $u = \{u_n\}$ からなる空間 (数列空間) での最も標準的な内積は

$$(u,v) = \sum u_n \overline{v_n} \tag{2.3}$$

である．注意 2.1 および (1.31) のすぐ後で述べたように，物理の習慣では (2.2)，(2.3) の $\overline{}$ は f または u_n の方につく．なお，これらの空間における線形演算は，$(f+g)(x) = f(x) + g(x)$ 等自明なものを用いている．このようなことは，今後いちいち断らない． □

(b) 線形作用素

線形空間 $\mathcal{D}$ から線形空間 $\mathcal{D}_1$ への写像 T で線形性の条件

$$T(\alpha u + \beta v) = \alpha T u + \beta T v \tag{2.4}$$

を満たすものを $\mathcal{D}$ から $\mathcal{D}_1$ への**線形作用素**という．特に，$\mathcal{D}_1 = \mathcal{D}$ ならば $\mathcal{D}$ での線形作用素という．線形作用素 T の定義域は $\mathcal{D}$ 全体でなくてもよく，$\mathcal{D}$ の線形部分空間ならばよいとする．T の定義域を $\mathcal{D}(T)$ で表す．

例 2.2 (簡単な微分作用素) 関数 f にその導関数 f' を対応させる写像 T を考えてみよう：$Tf = f'$．いま，$\mathcal{D} = C[a,b]$ (例 2.1 参照) とすると，連続関数が微分可能とは限らないから，写像 T を用いて $\mathcal{D}$ 全体で定義される作用素を作ることはできない．そこで $[a,b]$ で微分可能で，導関数が $[a,b]$ で連続であるような関数の全体を $C^1[a,b]$ として

$$\mathcal{D}(T) = C^1[a,b]; \qquad Tf(x) = f'(x), \quad \forall f \in \mathcal{D}(T)$$

によって T を定義すれば，T は $\mathcal{D} = C[a,b]$ における線形作用素である．定義域をもっと制限して

$$\mathcal{D}(T_0) = \{f \in C^1[a,b] \mid f(a) = f(b) = 0\}; \ Tf(x) = f'(x), \ \forall f \in \mathcal{D}(T_0)$$

によって T_0 を定義することもできる．T と T_0 は共に f に f' を対応させるものであるが，定義域が違うから異なった作用素と考える． □

上の例でみたように，線形作用素は対応の規則 (例えば $f \mapsto f'$) と定義域の両方を定めて初めて定まる．対応の規則は自然なものだが定義域はなにか人工的なもの，という印象を持たれるかもしれないが，実はそうではない．定義域

が特定されて初めてその作用素のスペクトルの性質などを解析できるのである(演習問題 1.5, 2.1 参照). しかし, 本書で考察する具体的な微分作用素は, 次節で述べる Schwartz 空間全体で定義されている作用素に限られるので, 定義域の問題は表にあらわれてこない.

内積空間 $\mathcal{D}$ から内積空間 $\mathcal{D}_1$ への線形作用素 T が連続であるとは

$$\left[u_n, u \in \mathcal{D}(T) \text{ かつ } \|u_n - u\|_{\mathcal{D}} \to 0\right] \Longrightarrow \left[\|Tu_n - Tu\|_{\mathcal{D}_1} \to 0\right]$$

が成り立つことである. また, ある $M \geqq 0$ に対して T が条件

$$\|Tu\|_{\mathcal{D}_1} \leqq M\|u\|_{\mathcal{D}}, \qquad \forall u \in \mathcal{D}(T) \tag{2.5}$$

を満たすとき, T は**有界**であるという. (2.5) を成り立たせるような M の下限を T の**ノルム**といい, $\|T\| = \|T\|_{\mathcal{D},\mathcal{D}_1}$ で表す. T が作用している空間を明示したいときには, 等号の右側のように書く.

命題 2.1 次の条件 (i), (ii), (iii) は同値である:
(i) T が有界;
(ii) T が連続;
(iii) $\left[u_n \in \mathcal{D}(T), \|u_n\| \to 0\right] \Longrightarrow \left[\|Tu_n\| \to 0\right]$.

[証明] (ii)$\Longleftrightarrow$(iii) および (i)$\Longrightarrow$(iii) は明らかだから, (iii)$\Longrightarrow$(i) を示せばよい. T が有界でないとすると, $u_n \in \mathcal{D}(T), \|u_n\| = 1$ かつ $\|Tu_n\| \to \infty$ なる u_n が存在する. $v_n = \|Tu_n\|^{-1}u_n$ とおくと, $\|v_n\| \to 0, \|Tv_n\| = 1$ となるが, これは (iii) に反する. ∎

内積空間 $\mathcal{D}$ での作用素 A が条件

$$(Au, v) = (u, Av), \quad \forall u, v \in \mathcal{D}(A)$$

を満たすとき A は**対称作用素**であるという. 対称作用素 A に対しては (Au, u) は実数になる.

注意 2.2 Hilbert 空間における線形作用素 A に対して, $\Big[(Au, v) = (u, A^*v), \forall u \in \mathcal{D}(A)\Big]$ という性質を持つ定義域最大の作用素 A^* を A の**共役作用素**という. A が対称作用素であるとは $A \subset A^*$ であることだが[*1], より強い関係 $A = A^*$ が成り立つとき, A は**自己共役作用素**であるという. 自己共役作用素に対しては**スペクトル定理**とよばれる基本定理が成立し, スペクトル分解 (一般化された意味での固有関

[*1] $A \subset B$ とは, $\mathcal{D}(A) \subset \mathcal{D}(B)$ かつ $\mathcal{D}(A)$ 上で両者が一致することをいう.

数展開) が可能となる．しかし，対称作用素に対してはこのようなことはない．物理の本では必ずしも強く認識されていないが，対称と自己共役は峻別されねばならないのである．

常識的な意味で対称な微分作用素 L (例えば $L = -\dfrac{\mathrm{d}^2}{\mathrm{d}x^2}$) から出発して，定義域を特定することにより $A = A^*$ を満たす A が構成できたとき，A は L の自己共役実現であるという．Schrödinger 作用素の数理は自己共役実現の決定から始まる．それについては巻末にあげる参考書を参照していただきたい．

注意 2.3 Hilbert 空間論に次の定理がある (閉グラフ定理)．"Hilbert 空間 $\mathcal{X}$ 全体で定義された閉作用素は有界である．" 応用上出てくる作用素はおおむね閉 (または前閉) であるので，$\mathcal{X}$ 全体で定義されていれば有界と思ってよい．完備でない内積空間ではこの事情は成り立たないので，作用素論になじんでおられる読者はかえって用心していただきたい．

§2.2 Schwartz 空間 $\mathcal{S}$

(a) Schwartz 空間

まず，1次元の場合で説明する．1次元空間 $\mathbf{R}^1$ 上の複素数値連続関数 $f(x)$ を考えよう．任意の $m = 0, 1, \cdots$ に対して，$|x|^m |f(x)|$ が有界であるとき，すなわち，任意の m に対して定数 M_m が存在して

$$|x|^m |f(x)| \leqq M_m \tag{2.6}$$

が成り立つとき，f は $\mathbf{R}^1$ 上の**急減少関数**であるという．(2.6) により，任意の m に対して

$$|x|^m |f(x)| \leqq M_{m+1} |x|^{-1} \to 0 \quad (|x| \to \infty)$$

が成り立つ．これは，$|x| \to \infty$ のとき，$|f(x)|$ が $|x|$ のどんな負べきよりも速く 0 に近づくことを意味する．このことを急減少といい表すのである．

f が (2.6) を満たせば，特に $m = 0$ として，f が有界であることがわかる．したがって条件，任意の $m = 0, 1, \cdots$ に対して条件 (2.6) が成り立つこと，は条件，任意の $\rho \geqq 0$ に対して

$$(1 + |x|)^\rho |f(x)| \leqq M'_\rho \tag{2.7}$$

が成り立つこと，と同値である．

命題 2.2 任意の急減少関数 f と実数 ρ に対して積分 $\displaystyle\int_{-\infty}^{\infty} (1 + |x|)^\rho f(x) \mathrm{d}x$ は絶対収束する．

[証明] $|f(x)|(1+|x|)^\rho = |f(x)|(1+|x|)^{\rho+2}(1+|x|)^{-2} \leq M'_{\rho+2}(1+|x|)^{-2}$ より明らか. ($\rho+2 < 0$ のときには $M'_{\rho+2} = M'_0$ とする.) ∎

次に，1次元空間 $\mathbf{R}^1$ 上の複素数値連続関数 $f(x)$ が C^∞ 級 (すなわち何回でも微分可能) であるとし，$f^{(k)}(x)$ ($k=0,1,\cdots$) を f の k 階導関数とする. ただし，$f^{(0)} = f$ と約束する. 任意の $k = 0,1,\cdots$ に対して $f^{(k)}$ が急減少関数であるとき f は $\mathbf{R}^1$ 上の**急減少 C^∞ 級関数**であるという. 急減少 C^∞ 級関数全体の集合を急減少 C^∞ 級関数の空間，または **Schwartz 空間**と呼び，$\mathcal{S} = \mathcal{S}(\mathbf{R}^1)$ と記す.

C^∞ 級関数 f に対して $f \in \mathcal{S}$ である条件を (2.6) または (2.7) の形で書くと次のようになる:

$$|x|^m|f^{(k)}(x)| \leq M_{k,m}, \qquad k,m = 0,1,\cdots, \tag{2.8}$$

または

$$(1+|x|)^\rho|f^{(k)}(x)| \leq M'_{k,\rho}, \qquad k = 0,1,\cdots, \quad \rho \geq 0. \tag{2.9}$$

例 2.3 $f(x) = e^{-ax^2}$ ($a > 0$) は $\mathcal{S}(\mathbf{R}^1)$ に属する. それは，任意の導関数 $f^{(k)}(x)$ が多項式と e^{-ax^2} の積になることから明らかである. □

問 2.2 これを確かめよ.

$\mathcal{S}(\mathbf{R}^1)$ は

$$(f,g) = \int_{-\infty}^\infty f(x)\overline{g(x)}\mathrm{d}x, \qquad \|f\| = \left(\int_{-\infty}^\infty |f(x)|^2 \mathrm{d}x\right)^{1/2} \tag{2.10}$$

を内積，ノルムとして内積空間になる. $\mathcal{S}(\mathbf{R}^1)$ は我々の議論の基礎となる空間であるが完備ではない.

§1.3 (a) で説明した関数空間 L^2 を $L^2(\mathbf{R}^1)$ と書く. その定義を改めて書けば，それは次の通り:

$$L^2(\mathbf{R}^1) = \left\{ f = f(x) \,\Big|\, f \text{ は Lebesgue 可測 かつ } \int_{-\infty}^\infty |f(x)|^2 \mathrm{d}x < \infty \right\}. \tag{2.11}$$

積分は Lebesgue 積分の意味である. Lebesgue 積分のおかげで $L^2(\mathbf{R}^1)$ は完備な空間すなわち Hilbert 空間になる. 明らかに，$\mathcal{S}(\mathbf{R}^1) \subset L^2(\mathbf{R}^1)$ であるが，一方任意の $u \in L^2(\mathbf{R}^1)$ は $\mathcal{S}(\mathbf{R}^1)$ に属する関数の列 f_n で $L^2(\mathbf{R}^1)$ のノルムの意味

で近似される．この事実を，$\mathcal{S}(\mathbf{R}^1)$ は $L^2(\mathbf{R}^1)$ で稠密であると言い表す．

完備でない内積空間 $\mathcal{D}$ から出発して完備な内積空間 (Hilbert 空間) $\mathcal{X}$ を作る手続きに完備化がある．その詳細はここでは述べないが，要するに $\mathcal{D}$ の要素の極限として得られるもの全部を $\mathcal{D}$ につけ加えるのであり，$\mathcal{X}$ は $\mathcal{D}$ を含む最小の Hilbert 空間とみなせる．さて，$\mathcal{S}(\mathbf{R}^1)$ を完備化すれば一つの (抽象的な) Hilbert 空間が得られるが，実はそれが関数の空間として実現され，それが $L^2(\mathbf{R}^1)$ であるというところがポイントである．そこが Lebesgue 積分なしでは済まないのがやっかいなところ (逆に言えば Lebesgue 積分が大切なところ) である．本書では $L^2(\mathbf{R}^1)$ は表に出さないが，$\mathcal{S}(\mathbf{R}^1)$ も決して不自然な空間ではなく，L. Schwartz の超関数 (distribution) 論の基礎となる空間の一つである．

2次元以上でも空間 $\mathcal{S}$ の定義はまったく同じであるが，記号が複雑になる．3次元で解説することとして，§1.1 (c) の記号を使う．$f(x)$ は $\mathbf{R}^3$ 上の複素数値 C^∞ 級関数であるとする．f の高階導関数を一般的に $D^\alpha f$ で表す (下の注意 2.4 参照)．f が (2.8) に対応する条件

$$|x|^m |D^\alpha f(x)| \leq M_{\alpha,m}$$

を満たすとき，f は $\mathbf{R}^3$ 上の急減少 C^∞ 級関数であるといい，その全体を $\mathcal{S}(\mathbf{R}^3)$ であらわし，**Schwartz 空間**と呼ぶ．$\mathcal{S}(\mathbf{R}^3)$ における内積，ノルムの定義は (2.10) と同じで，ただ積分の範囲が $\mathbf{R}^3$ に変わるだけである．

注意 2.4 D^α は具体的には次のように考える．$\alpha = (\alpha_1, \alpha_2, \alpha_3)$ (α_k は非負の整数) とし，$|\alpha| = \alpha_1 + \alpha_2 + \alpha_3$ とおいて，$D^\alpha f = \dfrac{\partial^{|\alpha|} f}{\partial x_1^{\alpha_1} \partial x_2^{\alpha_2} \partial x_3^{\alpha_3}}$.

例 2.4 3次元の場合にも $f(x) = e^{-ax^2} = e^{-a(x_1^2 + x_2^2 + x_3^2)}$ $(a > 0)$ は $\mathcal{S}(\mathbf{R}^3)$ に属する．証明は同様． □

今後，1次元または3次元で考える．1次元，3次元を区別しないときには，$\int$ は全空間上の積分を表すと約束する．

(b) $\mathcal{S}$ と微分積分

緩増加関数と微分 演算 D^α が $\mathcal{S}$ を $\mathcal{S}$ の中へ写すこと，すなわち $f \in \mathcal{S}$ ならば $D^\alpha f \in \mathcal{S}$ であることは $\mathcal{S}$ の定義から明らかである．これを少し一般化する．

連続関数 $f(x)$ に対して，ある非負整数 m と $C \geq 0$ が存在して，評価

$$|f(x)| \leq C(1+|x|)^m \qquad (2.12)$$

が成り立つとき，$f(x)$ は緩増加連続関数であるという．（平たく言えば，$|f(x)|$ の増大度はたかだか多項式程度ということである．）$f(x)$ が C^∞ 級でそのすべての導関数が緩増加連続関数であるとき，f は緩増加 C^∞ 級関数であるという．その全体を $\mathcal{O} = \mathcal{O}(\mathbf{R}^1)$ または $\mathcal{O}(\mathbf{R}^3)$ で表す．明らかに，$f \in \mathcal{O} \Longrightarrow f^{(k)} \in \mathcal{O}$．また，任意の多項式は $\mathcal{O}$ に属する．

命題 2.3 $f \in \mathcal{O}$, $g \in \mathcal{S} \Longrightarrow fg \in \mathcal{S}$.

[証明] 1次元で証明する．積の微分の公式 (Leibniz の規則) を繰り返し使えば，$(fg)^{(k)}$ は $f^{(j)}g^{(k-j)}$, $j = 0, \cdots, k$ という形の関数の線形結合であることが分かる．そして，$|f^{(j)}|$ が (2.12) の右辺でおさえられるとすれば，

$$|x|^p |f^{(j)}(x) g^{(k-j)(x)}| \leq C(1+|x|)^{p+m} |g^{(k-j)}(x)|$$

が得られるが，この右辺は $g \in \mathcal{S}$ だから有界である．ゆえに，$fg \in \mathcal{S}$. ∎

系 2.1 $f \in \mathcal{O}$, $g \in \mathcal{S} \Longrightarrow D^\alpha(fg) \in \mathcal{S}$. □

注意 2.5 $Pf = \sum a_\alpha(x) D^\alpha f$（和は有限和）という形の作用素を微分作用素という．命題 2.3 によれば，a_α がすべて緩増加 C^∞ 級関数ならば P は $\mathcal{S}$ を $\mathcal{S}$ に写す．

例 2.5 $P(x)$ を多項式とするとき，$P(x)\mathrm{e}^{-ax^2}$ $(a > 0)$ は $\mathcal{S}$ に属する． □

部分積分 $a \in \mathcal{O}$, $f \in \mathcal{S}$ ならば積分 $\int a(x)f(x)\mathrm{d}x$ が絶対収束することは容易に分かる．また，次の命題でみるように全空間での部分積分が自由にできる．

命題 2.4 $a \in \mathcal{O}$, $f \in \mathcal{S}$ とすると，

$$\int_{-\infty}^\infty a(x)f^{(k)}(x)\mathrm{d}x = (-1)^k \int_{-\infty}^\infty a^{(k)}(x)f(x)\mathrm{d}x,$$

が成り立つ．3次元では注意 2.4 の記号を使って，

$$\int_{\mathbf{R}^3} a(x) D^\alpha(x) f(x) \mathrm{d}x = (-1)^{|\alpha|} \int_{\mathbf{R}^3} D^\alpha a(x) \cdot f(x) \mathrm{d}x.$$

[証明] 1次元の場合．積分を $\int_{-R}^R$ として部分積分して微分を一つ a の方に移すと境界項 $\pm(af^{(k-1)})(\pm R)$ が出るが，これは $R \to \infty$ のとき 0 に収束する．これを繰り返せばよい．3次元のときは累次積分に直して同様にすればよい．∎

積分記号下での微分 これについては，次の命題を証明なしであげておく．

命題 2.5 $f(x,t)$, $x \in \mathbf{R}^1$, $t \in [a,b]$ が条件

§2.2 Schwartz 空間 $\mathcal{S}$

(i) t を固定するとき，$\int_{-\infty}^{\infty}|f(x,t)|\mathrm{d}x < \infty$,

(ii) $f(x,t)$ は t で偏微分可能で，$\dfrac{\partial}{\partial t}f(x,t)$ は x, t 両変数につき連続，

(iii) t に関係しない非負な可積分関数 $h(x)$ が存在して

$$\left|\frac{\partial}{\partial t}f(x,t)\right| \leqq h(x), \quad \forall x \in \mathbf{R}^1, \quad \forall t \in [a,b] \qquad (2.13)$$

を満たしているとする．そのとき，$\int_{-\infty}^{\infty} f(x,t)\mathrm{d}x$ は t で微分可能で

$$\frac{\mathrm{d}}{\mathrm{d}t}\int_{-\infty}^{\infty} f(x,t)\mathrm{d}x = \int_{-\infty}^{\infty}\frac{\partial}{\partial t}f(x,t)\mathrm{d}x$$

が成り立つ．多次元の場合，または t が複素変数で $[a,b]$ の代わりに $\mathbf{C}$ の閉領域をとった場合も同様． □

積分順序の交換 変数 x は A 上を，変数 y は B 上を変動するとし，関数 $f(x,y)$ が両変数について絶対可積分，すなわち $\int_{A\times B}|f(x,y)|\mathrm{d}x\mathrm{d}y < \infty$ であるとする．そのとき，積分順序は自由に変更できる，すなわち

$$\int_{A\times B} f(x,y)\mathrm{d}x\mathrm{d}y = \int_A \mathrm{d}x\int_B f(x,y)\mathrm{d}y = \int_B \mathrm{d}y\int_A f(x,y)\mathrm{d}x$$

が成り立つ．これを **Fubini の定理** という．

合成積またはたたみこみ 微分方程式のある種の問題は，Green 関数によって解かれるが，そのとき次の形の積分が現れる．

$$(f*g)(x) = \int_{-\infty}^{\infty} f(x-y)g(y)\mathrm{d}y = \int_{-\infty}^{\infty} f(y)g(x-y)\mathrm{d}y. \qquad (2.14)$$

$f*g$ は f と g の **合成積** (たたみこみ —— 英語では convolution ——) と呼ばれる．

命題 2.6 $f \in \mathcal{O}(\mathbf{R}^1), g \in \mathcal{S}(\mathbf{R}^1)$ ならば $f*g \in \mathcal{O}(\mathbf{R}^1)$, また $f, g \in \mathcal{S}(\mathbf{R}^1)$ ならば $f*g \in \mathcal{S}(\mathbf{R}^1)$ で，どちらの場合にも

$$(f*g)^{(k)}(x) = \int_{-\infty}^{\infty} f^{(k)}(x-y)g(y)\mathrm{d}y = \int_{-\infty}^{\infty} f(y)g^{(k)}(x-y)\mathrm{d}y \qquad (2.15)$$

が成り立つ．3次元空間における合成積についてもまったく同様で，$\int_{-\infty}^{\infty}$ を $\int_{\mathbf{R}^3}$ に，$f^{(k)}$ 等を $D^\alpha f$ 等に置き換えればよい． □

証明は演習とする (演習問題 2.2)．

§2.3 Fourier 変換

(a) 定義と主な性質

1次元の場合から始める.

$$\mathcal{F}f(\xi) = \widehat{f}(\xi) = \frac{1}{\sqrt{2\pi}} \int_{-\infty}^{\infty} f(x) e^{-i\xi x} dx \qquad (2.16)$$

で定義される $\mathcal{F}f = \widehat{f}$ を f の **Fourier 変換**という. f を $\mathcal{F}f$ に対応させる作用素 (変換) も同じ文字 $\mathcal{F}$ で表し, Fourier 変換と呼ぶ. 二つの記号 $\mathcal{F}f, \widehat{f}$ はどちらも f の Fourier 変換を表し, 以下都合のよい方を用いる.

逆 Fourier 変換は (2.16) で e の肩の符号を変えて

$$\mathcal{F}^* \varphi(x) = \widetilde{\varphi}(x) = \frac{1}{\sqrt{2\pi}} \int_{-\infty}^{\infty} \varphi(\xi) e^{i\xi x} d\xi$$

と定義される.

注意 2.6 変数 ξ は §1.2 の p (または k) に対応し, 運動量変数である. ただし, ξ と運動量の対応を考えるときには, $\hbar$ を含む Fourier 変換 ((3.1), (3.2) 参照) を用いることになる. なお, 物理では運動量変数を p または k で表すのが普通だが, 本書では数学流に ξ を用いる.

3次元の場合には, (2.16) の右辺の e の肩の ξx は $\mathbf{R}^3$ の内積 (1.8) となり, 積分の前の係数が変わる:

$$\mathcal{F}f(\xi) = \widehat{f}(\xi) = \frac{1}{(2\pi)^{3/2}} \int_{\mathbf{R}^3} f(x) e^{-i(\xi_1 x_1 + \xi_2 x_2 + \xi_3 x_3)} dx.$$

逆 Fourier 変換についても同様である.

Fourier 変換は種々のクラスの関数 (または超関数) に対して定義される基本的な変換であるが, 本書では特に断らない限り, Fourier 変換または逆 Fourier 変換を考える関数は $\mathcal{S}$ の関数であるとする.

次に Fourier 変換の基本的な性質を掲げる. 証明は §2.3 (b) で述べる.

定理 2.1 $f \in \mathcal{S}$ の Fourier 変換は $\mathcal{S}$ に属する: $f \in \mathcal{S} \implies \mathcal{F}f \in \mathcal{S}$. 逆 Fourier 変換についても同様. □

定理 2.1 は Fourier 変換 $\mathcal{F}$, 逆 Fourier 変換 $\mathcal{F}^*$ が共に $\mathcal{S}(\mathbf{R}^1)$ における作用素

であることを示している．

定理 2.2 次の関係が成り立つ：
$$(\mathcal{F}f, \varphi) = (f, \mathcal{F}^*\varphi), \qquad \forall f, \varphi \in \mathcal{S}. \tag{2.17}$$ □

一般に，(2.17) が成り立つとき $\mathcal{F}, \mathcal{F}^*$ を，互いに他の**共役作用素**であるという．記号 * は共役作用素を表す記号であるが，(2.17) を見越して，初めから $\mathcal{F}^*$ という記号を用いたのである．

定理 2.3

(i) Fourier 変換 $\mathcal{F}$，逆 Fourier 変換 $\mathcal{F}^*$ は互いに逆作用素である．すなわち，
$$\mathcal{F}^*\mathcal{F} = I, \qquad \mathcal{F}\mathcal{F}^* = I \tag{2.18}$$
が成り立つ．ここで，I は $\mathcal{S}(\mathbf{R}^1)$ における恒等作用素を表す．特に，$\mathcal{F}, \mathcal{F}^*$ は $\mathcal{S}(\mathbf{R}^1)$ から $\mathcal{S}(\mathbf{R}^1)$ 全体の上への 1 対 1 写像 (全単射) である．

(ii) 次の Parseval の等式が成り立つ：
$$(\mathcal{F}f, \mathcal{F}g) = (f, g), \qquad \|\mathcal{F}f\| = \|f\|. \tag{2.19}$$
言い替えれば，$\mathcal{F}$ は内積，ノルムを保存する．$\mathcal{F}^*$ についても同様な関係が成り立つ． □

(2.18) により
$$f(x) = \frac{1}{\sqrt{2\pi}} \int_{-\infty}^{\infty} \hat{f}(\xi) e^{i\xi x} d\xi, \qquad \forall f \in \mathcal{S}(\mathbf{R}^1) \tag{2.20}$$
が成り立つことが分かる．これを **Fourier の反転公式**という．3 次元も同様．

$\mathcal{S}$ における作用素 $\mathcal{F}$ が (2.18) を満たすとき，$\mathcal{F}$ は $\mathcal{S}$ におけるユニタリ作用素であるという．そのとき $\mathcal{F}^*$ もユニタリ作用素である[*2]．

定理 2.4 導関数の Fourier 変換について，次の公式が成り立つ．
$$(\mathcal{F}f^{(k)})(\xi) = (i\xi)^k (\mathcal{F}f)(\xi). \tag{2.21}$$
(3 次元での公式については §3.1(a) で述べる．) □

言い替えれば，x 空間で微分するという操作 (作用素) は，Fourier 変換によって，ξ 空間で $i\xi$ を掛けるという操作 (作用素) に変換される．関数を掛けるという作用素を**掛け算作用素**といい，ある作用素を掛け算作用素に変換することを，作用素の対角化という．作用素の対角化は，その作用素の固有値問題を解くこと

[*2] ユニタリ作用素という用語は本来 Hilbert 空間で用いるべきものであるが，今の場合誤解を生ずる恐れはないので流用する．

にあたり，これをハミルトニアンに対して行うのが量子力学の基本課題である．

定理 2.5 合成積の Fourier 変換に対して次の公式が成り立つ：

$$(\mathcal{F}(f*g))(\xi) = (2\pi)^{n/2}(\mathcal{F}f)(\xi)(\mathcal{F}g)(\xi), \quad \forall f, g \in \mathcal{S}(\mathbf{R}^n).$$
(2.22)

ここで，n は空間の次元である． □

言い替えれば，合成積は Fourier 変換によって，定数係数を別として，普通の積に変換される．

(b) 前項の定理の証明

証明は簡単のため 1 次元で行う．簡単のため $c = 1/\sqrt{2\pi}$, $\int_{-\infty}^{\infty} = \int$ と書く．

[定理 2.1 の証明] $\widehat{f} \in \mathcal{S}$ をいうには $\widehat{f}$ が C^∞ 級で $\xi^m \widehat{f}^{(k)}(\xi)$ が有界であることを示せばよい．例として $k = 1$ の場合を取り扱う．$xf(x)$ は可積分だから命題 2.5 により

$$\widehat{f}'(\xi) = -\mathrm{i}c \int xf(x) \mathrm{e}^{-\mathrm{i}\xi x} \mathrm{d}x.$$

ゆえに，部分積分 (命題 2.4) を使って，

$$\xi \widehat{f}'(\xi) = c \int xf(x) \frac{\mathrm{d}}{\mathrm{d}x} \mathrm{e}^{-\mathrm{i}\xi x} \mathrm{d}x = -c \int \frac{\mathrm{d}}{\mathrm{d}x}(xf(x)) \mathrm{e}^{-\mathrm{i}\xi x} \mathrm{d}x.$$

右辺の絶対値は収束する積分 $c \int \left|\frac{\mathrm{d}}{\mathrm{d}x}(xf(x))\right| \mathrm{d}x$ を超えないから，左辺は ξ の有界関数である．$\xi^m \widehat{f}'(\xi)$ に対しては，上の操作を繰り返せばよい．

$\widetilde{f}$ についても証明は同様． ■

[定理 2.2 の証明] $f, \varphi \in \mathcal{S}(\mathbf{R}^1)$ に対して $f(x)\mathrm{e}^{-\mathrm{i}\xi x}\overline{\varphi(\xi)}$ は 2 変数関数として絶対可積分だから，Fubini の定理により

$$(\mathcal{F}f, \varphi) = c \int \overline{\varphi(\xi)} \mathrm{d}\xi \int f(x) \mathrm{e}^{-\mathrm{i}\xi x} \mathrm{d}x$$
$$= c \int f(x) \mathrm{d}x \int \overline{\varphi(\xi)\mathrm{e}^{\mathrm{i}\xi x}} \mathrm{d}\xi = (f, \mathcal{F}^*\varphi)$$

が成り立つ． ■

定理 2.3 の証明に必要な命題を二つ述べる．第 1 の命題をやや一般的な形で

述べるため，$\mathbf{R}^1$ 上の C^∞ 級関数 f で，台が有界である (すなわちある $R>0$ に対して $|x|>R \Rightarrow f(x)=0$) ようなものの全体を $C_0^\infty(\mathbf{R}^1)$ と書く．平たくいえば，C_0^∞ は C^∞ 級で遠方でぺったり 0 となる関数全体である ($C_0^\infty \subset \mathcal{S}$)．

命題 2.7 f を $\mathbf{R}^1$ 上の連続関数とする．

$$\int_{-\infty}^\infty f(x)g(x)\mathrm{d}x = 0, \qquad \forall g \in C_0^\infty(\mathbf{R}^1) \tag{2.23}$$

ならば，$f \equiv 0$ である． □

この命題の証明は微積分学の演習である．演習問題 2.3, 2.4 で検討しよう．

次に **Poisson 核**と呼ばれる関数 P_ε ($\varepsilon > 0$) を導入する：

$$P_\varepsilon(t) = \frac{1}{\pi} \cdot \frac{\varepsilon}{t^2+\varepsilon^2}.$$

P_ε の次の性質は容易に確かめられる (問題 2.5 参照)．

(1) $P_\varepsilon(x) > 0$;
(2) $\displaystyle\int_{-\infty}^\infty P_\varepsilon(x) = 1$;
(3) 任意の $\delta > 0$ に対して $\displaystyle\lim_{\varepsilon \downarrow 0}\int_{|x|\geq \delta} P_\varepsilon(x)\mathrm{d}x = 0$.

これらの性質は，P_ε が $\varepsilon \downarrow 0$ のとき Dirac のデルタ関数

$$\delta(x) = 0 \quad (x \neq 0); \qquad \int_{-\infty}^\infty \delta(x)\mathrm{d}x = 1 \tag{2.24}$$

を近似するものであることを示唆する[*3]．実際，次の命題が成り立つ．

命題 2.8 $f \in \mathcal{S}(\mathbf{R}^1)$ のとき

$$\lim_{\varepsilon\downarrow 0}(P_\varepsilon * f)(x) = \lim_{\varepsilon\downarrow 0}\int_{-\infty}^\infty P_\varepsilon(x-y)f(y)\mathrm{d}y = f(x).$$

ここで，収束は $x \in \mathbf{R}^1$ に関して一様である． □

この命題の証明は後回しにし，定理 2.3 の証明を先に述べる．

[**定理 2.3 の証明**] まず (2.19) を証明する．左辺の内積を定義する積分は絶対収束するから

$$(\mathcal{F}f, \mathcal{F}g) = \lim_{\varepsilon \downarrow 0}\int \mathrm{e}^{-\varepsilon|\xi|}\mathcal{F}f(\xi)\overline{\mathcal{F}g(\xi)}\mathrm{d}\xi$$

[*3] (2.24) を満たす普通の関数は存在しない．デルタ関数は超関数の一例である (§2.4(a) 参照)．

が成り立つ．右辺の積分を I_ε とおき，$\mathcal{F}f, \mathcal{F}g$ を積分で表せば，

$$I_\varepsilon = c^2 \int e^{-\varepsilon|\xi|} d\xi \int f(x) e^{-i\xi x} dx \int \overline{g(y)} e^{i\xi y} dy$$

となる．ここで，右辺の被積分関数は 3 変数 ξ, x, y の関数として可積分だから，積分の順序は自由に変えられる (Fubini の定理)．まず ξ で積分することにし

$$\int e^{-\varepsilon|\xi|} e^{-i\xi(x-y)} d\xi = \frac{2\varepsilon}{\varepsilon^2 + (x-y)^2}$$

と計算すれば，

$$I_\varepsilon = \int f(x) dx \overline{\int P_\varepsilon(x-y) g(y) dy}$$

が得られる．$\varepsilon \downarrow 0$ のとき y についての積分は $g(x)$ に一様収束する (命題 2.8) から，最終的に

$$(\mathcal{F}f, \mathcal{F}g) = \lim_{\varepsilon \downarrow 0} I_\varepsilon = \int f(x) \overline{g(x)} dx = (f, g)$$

が得られ (2.19) が示された．

(2.18) の証明．(2.19) と (2.17) により $(\mathcal{F}^* \mathcal{F} f, g) = (f, g)$ である．ここで f を固定し，g を任意とすれば命題 2.7 により $\mathcal{F}^* \mathcal{F} f = f$，したがって $\mathcal{F}^* \mathcal{F} = I$ が得られる．$\mathcal{F} \mathcal{F}^* = I$ の証明も同様． ∎

[命題 2.8 の証明] この証明では，いわゆる ε-δ 論法 (以下に用いる形では η-ε 論法) を使わねばならない．任意に $\eta > 0$ をとる．$\mathcal{S}(\mathbf{R}^1)$ に属する関数 f は一様連続であるので，ある $\delta > 0$ が存在して，

$$|x - y| < \delta \Longrightarrow |f(x) - f(y)| < \frac{\eta}{2} \tag{2.25}$$

が成り立つ．さて，Poisson 積分の性質 (2) を使えば $f(x) = \int P_\varepsilon(x-y) f(x) dy$ であるから

$$|(P_\varepsilon * f)(x) - f(x)| \leq \int P_\varepsilon(x-y) |f(y) - f(x)| dy$$
$$= \int_{|x-y|<\delta} + \int_{|x-y|\geq\delta} \equiv I_\varepsilon + II_\varepsilon.$$

(2.25) と Poisson 核の性質 (2) により $I_\varepsilon < \eta/2$．一方，$|f(y) - f(x)|$ が有界であ

ることと Poisson 核の性質 (3) により $\lim_{\varepsilon \downarrow 0} II_\varepsilon = 0$. ゆえに $\varepsilon > 0$ が十分小さくなれば $II_\varepsilon < \eta/2$ となり,証明が終わる. ∎

定理 2.4, 定理 2.5 の証明はいずれも容易だから,問題とする (演習問題 2.9, 2.10).

§2.4 緩増加超関数

本書では超関数はほとんど使わないが,この機会に緩増加超関数の説明をし,あわせて Sobolev 空間に触れておく.簡単のため 1 次元で説明するが,$\mathcal{S}$ のように $(\mathbf{R}^1)$ を省略して書いてあるところは,次元に関係なく成立する.また,それほど困難でない論証の多くは問とする.

(a) 定義と例

まず,$\mathcal{S} = \mathcal{S}(\mathbf{R}^1)$ における収束を次のように決める.$f_n, f \in \mathcal{S}$ とし,任意の $k, m = 0, 1 \cdots$ に対して $|x|^m f_n^{(k)}(x)$ が $|x|^m f^{(k)}(x)$ に一様収束するとき,f_n は f に $\mathcal{S}$ で収束するという.

$\mathcal{S}$ から複素数体 $\mathbf{C}$ への線形写像を $\mathcal{S}$ 上の**線形汎関数**という.

定義 2.1 $\mathcal{S}$ 上の複素数値線形汎関数 T が連続性の条件 "$f_n \in \mathcal{S}$ が $f \in \mathcal{S}$ に $\mathcal{S}$ で収束するならば $T(f_n)$ は $T(f)$ に収束する" を満たすとき,T は**緩増加超関数**であるという.$\mathbf{R}^1$ 上の緩増加超関数の全体を $\mathcal{S}'(\mathbf{R}^1)$ と書く. □

例 2.6 $\mathcal{S}(\mathbf{R}^1)$ 上の汎関数 δ を

$$\delta(f) = f(0), \qquad f \in \mathcal{S}(\mathbf{R}^1) \tag{2.26}$$

と定義すれば,$\delta \in \mathcal{S}'(\mathbf{R}^1)$ である.実際,線形性は明らか.また,f_n が f に $\mathcal{S}$ で収束すれば,f_n は f に一様収束するから $f_n(0) \to f(0)$. ゆえに,連続性の条件も満たされる.この δ が超関数の意味でのデルタ関数であり,(2.26) を形式的に書いたものが (2.24) である. □

例 2.7 緩増加関数 h に対して T_h を

$$T_h(f) = \int_{-\infty}^{\infty} h(x) f(x) \mathrm{d}x, \qquad f \in \mathcal{S}(\mathbf{R}^1) \tag{2.27}$$

と定義すれば $T \in \mathcal{S}'(\mathbf{R}^1)$ である.ここで,命題 2.7 により,$h \longmapsto T_h$ は 1 対 1

であることが分かる．ゆえに，h と T_h を同一視して，超関数の概念は関数の概念の拡張であるとみなされる． □

問 2.3 T_h が定義 2.1 で述べた連続性の条件を満たすことを確かめよ．

(b) 超関数の微分

$T \in \mathcal{S}'(\mathbf{R}^1)$ に対してその k 階微分 $D^k T$ を

$$D^k T(f) = (-1)^k T(f^{(k)}), \qquad f \in \mathcal{S}(\mathbf{R}^1) \tag{2.28}$$

と定義する．$f \in \mathcal{S}(\mathbf{R}^1)$ ならば $f^{(k)} \in \mathcal{S}(\mathbf{R}^1)$ だから上式の右辺は意味を持つ．例えば，$\delta^{(k)}(f) = (-1)^k f^{(k)}(0)$ である．$D^1 T = DT = T'$ 等とも書く．

問 2.4 $D^k T$ は連続性の条件を満たし，したがって $D^k T \in \mathcal{S}'(\mathbf{R}^1)$ であることを確かめよ．

問 2.5 $x < 0$ ならば $Y(x) = 0$，$x \geqq 0$ ならば $Y(x) = 1$ で定まる関数を Heaviside 関数という．$T_Y{'} = \delta$ であることを示せ．

(c) 超関数と緩増加関数との積

$h \in \mathcal{O}$，$f \in \mathcal{S}$ ならば $hf \in \mathcal{S}$ だから (命題 2.3)，$T \in \mathcal{S}'$ と $h \in \mathcal{O}$ に対して，積 hT を

$$(hT)(f) = T(hf), \qquad f \in \mathcal{S}$$

によって定義することができる．命題 2.3 と同じ証明で，$f_n \to f$ ならば $hf_n \to hf$ ($\mathcal{S}$ での収束) を示すことができる．ゆえに $hT \in \mathcal{S}'$ である．

積 hT がこのように定義されると，注意 2.5 で定義した微分作用素 P は条件 $a_\alpha \in \mathcal{O}$ のもとで $\mathcal{S}'$ を $\mathcal{S}'$ に写す作用素に拡張されることがわかる．

上では超関数を定義するのに $\mathcal{S}$ から出発したが，C_0^∞ (C^∞ 級で $|x|$ が十分大きいところでは 0 になるような関数の全体) から出発すると Schwartz の超関数の空間 $\mathcal{D}'$ が得られる．$\mathcal{S}' \subset \mathcal{D}'$ である．

(d) Sobolev 空間

$\mathcal{S}'$ や $\mathcal{D}'$ は，その中で微分が何回でもできる空間で，非常に広い枠を与える空間である．さて，$f \in \mathcal{S}$ を $T_f \in \mathcal{S}'$ と同一視すれば $\mathcal{S} \subset \mathcal{S}'$ であるが，$\mathcal{S}$ と $\mathcal{S}'$ の

間に (または $\mathcal{D}$ と $\mathcal{D}'$ の間に) いろいろな空間がある. 特に, (2.28) で導入される超関数微分の概念と Lebesgue 空間 (L^2 など) の概念を組み合わせてできる諸空間が有用である. 後の章の話題と関係してくる 2 階の Sobolev 空間 H^2 についてだけ説明をしておく.

L^2 は (2.11) で定義される空間とする. $h \in L^2$ も (2.27) によって緩増加超関数 T_h と同一視できる (ただし次の注意参照).

注意 2.7 対応 $h \longmapsto T_h$ が 1 対 1 であることを示すのに, h が連続の場合には命題 2.7 を使えばよく, その証明は簡単である (演習問題 2.3, 2.4). L^2 の場合には, 命題 2.7 に対応するものは, 変分法の基本補題と呼ばれるものであり, 次のように述べられる.

"局所可積分な f が (2.23) を満たすならば, f はほとんどいたるところ 0 に等しい."

この補題の証明はそれほど簡単ではなく, 命題 2.7 の第 2 の証明 (演習問題 2.5–2.8 で検討する) に相当するような議論をすることになる.

さて, $h \in L^2$ から $T_h \in \mathcal{S}'$ が決まれば, DT_h および $D^2 T_h$ が決まる. これらが L^2 関数であるとき, すなわち $h' \in L^2$, $h'' \in L^2$ が存在して, $DT_h = T_{h'}$, $D^2 T_h = T_{h''}$ となるとき, h は L^2 の意味で 2 階微分可能であるといい, h', h'' を h の L^2 導関数と呼ぶ. $h \in L^2$ で L^2 の意味で 2 階微分可能であるような h の全体を $H^2(\mathbf{R}^1)$ と書き, **Sobolev 空間**と呼ぶ.

$H^2(\mathbf{R}^1)$ は次の内積によって Hilbert 空間になる:
$$(f, g)_{H^2} = (f, g)_{L^2} + (f', g')_{L^2} + (f'', g'')_{L^2}.$$

(e) 緩増加超関数の Fourier 変換

Fourier 変換 $f \longmapsto \mathcal{F}f$ は $\mathcal{S}$ を $\mathcal{S}$ に写す (定理 2.1). さらに, f_n が f に $\mathcal{S}$ の意味で収束するならば $\mathcal{F}f_n$ も $\mathcal{F}f$ に $\mathcal{S}$ の意味で収束することを確かめるのは困難ではない (演習問題 2.11). そこで
$$\mathcal{F}T(f) = T(\mathcal{F}f)$$
と定義すれば, $\mathcal{F}T \in \mathcal{S}'$ である. このように, $\mathcal{F}$ は $\mathcal{S}'$ での作用素に拡張される. 逆 Fourier 変換 $\mathcal{F}^*$ についても同様で, 拡張された $\mathcal{F}, \mathcal{F}^*$ に対しても, 定理 2.3 の (i), 定理 2.4 に相当する主張が成り立つ. 詳細は省略する.

演習問題

2.1 第1章演習問題1.5で方程式(1.39)は簡単のため $-\varphi''(x) = E\varphi(x)$ に変え, $a=1$ として境界条件(1.40)は

(i) $\varphi'(0) = 0$, $\varphi'(1) = 0$ 　または　 (ii) $\varphi'(0) = 0$, $\varphi(1) = 0$

に変えるときの固有値, 固有関数を求めよ. 次に, 境界条件を

$$\text{(iii)} \quad \varphi'(0) = \alpha\varphi(0), \quad \varphi(1) = 0 \quad (\alpha \text{ は実定数}) \qquad (2.29)$$

として, 固有値が α とともに変動する様子を観察せよ[*4]. ((2.29)の場合, 固有値はある超越方程式の根となり, 陽に書き下すことはできない.)

2.2 命題2.6を証明せよ. [ヒント: $f \in \mathcal{O}$, $g \in \mathcal{S}$ のときは $(1+|a+b|)^m \leq c_m\{(1+|a|)^m + (1+|b|)^m\}$ を利用する.]

2.3 $\mathbf{R}^1$ 上の関数 $j(x)$ を, $|x| < 1$ ならば $j(x) = e^{-1/(1-|x|^2)}$, $|x| \geq 1$ ならば $j(x) = 0$ で定義する. j は C^∞ 級, したがって $j \in C_0^\infty(\mathbf{R}^1)$ であることを示せ. [ヒント: $x = \pm 1$ ですべての高階微分係数が0になることを示せばよい.]

2.4 命題2.7を証明せよ. [ヒント: まず, f は実関数としてよいことをみる. 次に, たとえば $f(x_0) > 0$ と仮定し, 十分小さい $\rho > 0$ をとって(2.23)で $g(x) = j((x-x_0)/\rho)$ とすれば矛盾が出ることをみる.]

2.5 G は $\mathbf{R}^1$ 上で可積分で, $G(x) \geq 0$, $\int_{-\infty}^{\infty} G(x)\mathrm{d}x = 1$ とし, $G_\varepsilon(x) = \varepsilon^{-1}G(x/\varepsilon)$, $\varepsilon > 0$ とおく. このとき, $G_\varepsilon(x)$ は Poisson 核の性質(1), (2), (3)と同じ性質を持つことを確かめよ. ただし, 性質(1)は $G_\varepsilon(x) \geq 0$ に置き換える.

2.6 G_ε に対しても, 命題2.8と同じ主張が成り立つことを示せ.

2.7 $G \in \mathcal{S}(\mathbf{R}^1)$ とし, $g_\varepsilon(x) = \int_a^b G_\varepsilon(x-y)\mathrm{d}y$, $a<b$ とおく. $g_\varepsilon \in \mathcal{S}(\mathbf{R}^1)$ であることを示せ. また, $G \in C_0^\infty(\mathbf{R}^1)$ ならば $g_\varepsilon \in C_0^\infty(\mathbf{R}^1)$ であることを示せ. [ヒント: $g_\varepsilon \in \mathcal{S}$ を示すには g_ε が G_ε と区間 $[a,b]$ の定義関数との合成積であることに注意して問題2.2と同様にやればよい.]

2.8 前題までの結果と, 連続関数 f が任意の a, b $(a<b)$ に対して $\int_a^b f(x)\mathrm{d}x = 0$ を満たすならば $f(x) \equiv 0$ であること, を使うと命題2.7の別証明が得られることをみよ.

[*4] 上のような固有値問題を, 作用素の方程式 $H\varphi = E\varphi$ の形に書こうとすれば, 境界条件を H の定義域の中に組み込んでおかねばならないことが, 上の考察から納得できるであろう. H の定義域は考えている境界条件を満たす関数だけからなる, とするのである.

2.9 定理 2.4 を証明せよ．

2.10 定理 2.5 を証明せよ．

2.11 f_n が f に $\mathcal{S}$ の意味で収束するならば $\mathcal{F}f_n$ も $\mathcal{F}f$ に $\mathcal{S}$ の意味で収束することを確かめよ．

第3章

自由粒子

外力の作用を受けないで全空間を運動する粒子を自由粒子という．自由粒子の Schrödinger 方程式は (1.11), (1.12) で $V(x) \equiv 0$ としたものである．本章では自由粒子の運動を解析する．その道具は Fourier 変換であり，§2.3 を受けて Fourier 変換の有効性を示すのも目的の一つである．運動にある程度の多様性を持たせるため，本章では空間の次元は 3 とする．§3.1 で Fourier 変換を用いて自由粒子の Schrödinger 方程式を解き，解の公式を導く．§3.2 では解の公式から出発して，波束の伝播の様子を解析し，解や位置の分布の $|t| \to \infty$ のときの漸近形を調べ，古典力学的等速運動との関係を考える．それに続く形で，§3.3 では交換関係と不確定性原理に言及する．

§3.1 Schrödinger 方程式の解

(a) パラメータ $\hbar$ を含む Fourier 変換

定理 2.4 によれば x 空間における微分作用素 $-\mathrm{i}\dfrac{\mathrm{d}}{\mathrm{d}x}$ は，ξ 空間においては座標 ξ を掛ける掛け算作用素に変換される．ところで，§1.2 (f) の議論によれば，古典力学の運動量 p を微分作用素 $-\mathrm{i}\hbar\dfrac{\mathrm{d}}{\mathrm{d}x}$ で置き換えれば古典力学から量子力学へ移行できるのであった．したがって $-\mathrm{i}\hbar\dfrac{\mathrm{d}}{\mathrm{d}x}$ が ξ 空間での ξ を掛ける掛け算になるように Fourier 変換の形を調節しておけば，ξ を運動量変数と考えることができて都合がよい．そのためには，Fourier 変換の e の肩に因子 $\hbar^{-1}$ を付け加えておけばよい．

以下，本章ではすべて3次元で議論することにして，$\hbar$ を含む Fourier 変換 $\mathcal{F}_\hbar$ および逆 Fourier 変換 $\mathcal{F}_\hbar^*$ を次のように定義する：

$$\mathcal{F}_\hbar f(\xi) = \frac{1}{(2\pi\hbar)^{3/2}} \int_{\mathbf{R}^3} f(x) e^{-i\hbar^{-1}\xi x} dx \tag{3.1}$$

$$\mathcal{F}_\hbar^* \varphi(x) = \frac{1}{(2\pi\hbar)^{3/2}} \int_{\mathbf{R}^3} \varphi(\xi) e^{i\hbar^{-1}\xi x} d\xi \tag{3.2}$$

定理 2.1, 定理 2.2, 定理 2.3 が $\mathcal{F}, \mathcal{F}^*$ を $\mathcal{F}_\hbar, \mathcal{F}_\hbar^*$ で置き換えればそのまま成り立つことは，上の定義からただちに分かる．

問 3.1 これを確かめよ．

定理 2.4 については，少し詳しく論じよう．簡単のため $\partial_j = \partial/\partial x_j$ と略記する．1 階微分については (2.21) に相当して

$$(\mathcal{F}_\hbar(-i\hbar\partial_j f))(\xi) = \xi_j (\mathcal{F}_\hbar f)(\xi), \qquad j = 1, 2, 3$$

が成り立つ．この関係は，$j = 1, 2, 3$ の 3 成分を一括してベクトルの等式として書けば

$$(\mathcal{F}_\hbar(-i\hbar\nabla f))(\xi) = \xi (\mathcal{F}_\hbar f)(\xi) \tag{3.3}$$

と書ける．これは，運動量 $-i\hbar\nabla$ が ξ に対応することを示しており，こうなるように (3.1) の e の肩に $\hbar^{-1}$ を入れておいたのである．

$P(\xi) = P(\xi_1, \xi_2, \xi_3)$ が ξ の多項式であるとき

$$P(-i\hbar\nabla)f = P(-i\hbar\partial_1, -i\hbar\partial_2, -i\hbar\partial_3)f$$

と定義すれば

$$(\mathcal{F}_\hbar P(-i\hbar\nabla)f)(\xi) = P(\xi)\mathcal{F}_\hbar f(\xi) \tag{3.4}$$

が成り立つ．P が多項式を成分とするベクトルであるときにも，同じ形の式が成り立つ．

特に，$P(\xi) = \xi^2 = \xi_1^2 + \xi_2^2 + \xi_3^2$ とすれば $P(-i\hbar\nabla) = -\hbar^2\triangle$ である．いま，ξ を変数とする $\mathcal{S}$ の中で $P(\xi) = \xi^2$ を掛けるという作用素を M_{ξ^2} と表して，$P(\xi) = \xi^2$ に対する (3.4) を作用素の関係として書くと，次の (3.5) の左側の式のようになり，さらにそれと (2.18) とを組み合わせれば (3.5) の右側の式および (3.6) が得られる．

$$\mathcal{F}_\hbar(-\hbar^2\triangle) = M_{\xi^2}\mathcal{F}_\hbar, \qquad (-\hbar^2\triangle)\mathcal{F}_\hbar^* = \mathcal{F}_\hbar^* M_{\xi^2}, \tag{3.5}$$

$$-\hbar^2 \triangle = \mathcal{F}_\hbar^* M_{\xi^2} \mathcal{F}_\hbar, \qquad \mathcal{F}_\hbar(-\hbar^2 \triangle)\mathcal{F}_\hbar^* = M_{\xi^2}. \tag{3.6}$$

これらの式は，ユニタリ変換 $\mathcal{F}_\hbar$ で x 空間での作用素 $-\hbar^2\triangle$ が ξ 空間での作用素 M_{ξ^2} に変換されることを示している．あるユニタリ作用素でこのように結ばれる二つの作用素は互いに**ユニタリ同値**であるといわれる．

最後に，(2.22) は係数が変わるだけで，次のようになる．

$$(\mathcal{F}_\hbar(f*g))(\xi) = (2\pi\hbar)^{3/2}(\mathcal{F}_\hbar f)(\xi)(\mathcal{F}_\hbar g)(\xi), \quad \forall f, g \in \mathcal{S}(\mathbf{R}^3). \tag{3.7}$$

問 3.2 これらを確認せよ．

今後，$\mathcal{F}_\hbar$ も Fourier 変換と呼ぶが，誤解は起こらないだろう．なお，$\hbar$ は本来は物理定数であるが，パラメータと考えることもある．

(b) Fourier 変換による解

自由粒子の Schrödinger 方程式は次の通りであった．

$$i\hbar \frac{\partial}{\partial t}\psi(x,t) = -\frac{\hbar^2}{2m}\triangle \psi(x,t). \tag{3.8}$$

いま，$\psi(x,t)$ が (3.8) の解であるとし，任意に固定された t に対して $\psi(\cdot,t) \in \mathcal{S}(\mathbf{R}^3)$ であると仮定する．そして，x について Fourier 変換したものを $\mathcal{F}_\hbar\psi(\xi,t)$ と書く．しばらくは形式的に，$\mathcal{F}_\hbar$ と $\frac{\partial}{\partial t}$ は可換であるとして，(3.8) の両辺を Fourier 変換すれば

$$i\hbar \frac{\partial}{\partial t}(\mathcal{F}_\hbar \psi)(\xi,t) = \frac{\xi^2}{2m}(\mathcal{F}_\hbar \psi)(\xi,t) \tag{3.9}$$

となる．この方程式はすぐに解けて，

$$(\mathcal{F}_\hbar \psi)(\xi,t) = e^{-i\xi^2 t/2m\hbar}(\mathcal{F}_\hbar\psi)(\xi,0) \tag{3.10}$$

が得られ，$\psi(x,t)$ はこの右辺を逆 Fourier 変換して求められるであろう．

$\varphi_0(x) \in \mathcal{S}(\mathbf{R}^3)$ が与えられたとき，"方程式 (3.8) の解で，**初期条件**

$$\psi(x,0) = \varphi_0(x) \tag{3.11}$$

を満たすものを求めよ"という問題を，(3.8) の**初期値問題**または **Cauchy 問題**という．(3.10) をヒントに初期値問題の解を構成してみよう．簡単のため

$$\beta_t(\xi) = \beta(\xi, t) = \mathrm{e}^{-\mathrm{i}t\xi^2/2m\hbar} \tag{3.12}$$

とおく．$\beta(\xi, t)$ は変数 ξ, t の関数であるが，t をパラメータとして固定し ξ だけの関数とみることが多い．そのようなときには $\beta_t(\xi)$ または β_t という記号を用いる．あるいは $\beta(\cdot, t)$ と書くこともある．

さて，ξ の関数として $\beta_t \in \mathcal{O}(\mathbf{R}^3)$ であることは容易に分かる．したがって，命題 2.3 により $\beta_t \mathcal{F}_\hbar \varphi_0 \in \mathcal{S}(\mathbf{R}^3)$ である．

定理 3.1 $\varphi_0 \in \mathcal{S}(\mathbf{R}^3)$ とするとき，

$$\begin{aligned}\psi(x, t) &= \left(\mathcal{F}_\hbar^*(\beta_t \mathcal{F}_\hbar \varphi_0)\right)(x) \\ &= \frac{1}{(2\pi\hbar)^{3/2}} \int_{\mathbf{R}^3} \beta(\xi, t)(\mathcal{F}_\hbar \varphi_0)(\xi) \mathrm{e}^{\mathrm{i}\hbar^{-1}\xi x} \mathrm{d}\xi \\ &= \frac{1}{(2\pi\hbar)^3} \int_{\mathbf{R}^3} \mathrm{e}^{-\mathrm{i}\hbar^{-1}\{t\xi^2/(2m)-\xi x\}} \mathrm{d}\xi \int_{\mathbf{R}^3} \varphi_0(y) \mathrm{e}^{-\mathrm{i}\hbar^{-1}\xi y} \mathrm{d}y \end{aligned} \tag{3.13}$$

は，初期条件 (3.11) の下での (3.8) の初期値問題の解である． □

注意 3.1 (3.13) の右側第 1, 2, 3 行は同じものを異なる方式で表している．第 2, 第 3 行のように書けば全体が x と t の関数であることがはっきりする．一方，第 1 行は ψ が $\mathcal{S}$ の中での操作の積み重ねとして構成されることをよく表している．第 1 行のような書き方に馴れていただきたい．

[証明] (3.13) の ψ が (3.11) を満たすことは明らかだから，方程式 (3.8) を検証すればよい．(3.13) の右側第 2 行，または第 3 行に命題 2.5 を適用すれば，これらは x, t について C^∞ 級で，すべての微分は積分記号の中で行ってよいことが分かる．したがって，(3.8) が成り立つことをみるには

$$\left(\mathrm{i}\hbar\frac{\partial}{\partial t} + \frac{\hbar^2}{2m}\triangle\right) \mathrm{e}^{-\mathrm{i}\hbar^{-1}\{t\xi^2/(2m)-\xi x\}} = 0$$

を示せばよいが，これは簡単な計算で確かめられる． ∎

解の一意性をみるには，$\psi(\cdot, t) \in \mathcal{S}(\mathbf{R}^3)$ と仮定して (3.8) から (3.10) にいたる議論をすればよいが，そのとき $(\partial/\partial t)\mathcal{F}_\hbar\psi(x, t) = \mathcal{F}_\hbar(\partial/\partial t)\psi(x, t)$ が成り立つことを保証する仮定をつけねばならない．例えば次の定理が成り立つ．

定理 3.2 初期値問題の解 $\widetilde{\psi}(x, t)$ が，$\widetilde{\psi}(\cdot, t) \in \mathcal{S}(\mathbf{R}^3)$, $(\partial/\partial t)\widetilde{\psi}(\cdot, t) \in \mathcal{S}(\mathbf{R}^3)$, かつ命題 2.5 の条件 (iii) (ただし f を $\widetilde{\psi}$ に変える) を満たすならば，$\widetilde{\psi}(x, t)$ は (3.13) の $\psi(x, t)$ と一致する． □

§3.1 Schrödinger 方程式の解

注意 3.2 (3.13) の $\psi(x,t)$ が定理で $\widetilde{\psi}(x,t)$ に課した条件を満たすことは容易にわかる．

初期波束 φ_0 に (3.13) で与えられる時刻 t における波束 $\psi(\cdot,t)$ を対応させる作用素も $\mathcal{S}$ での作用素である．それを $U(t)$ と書こう：
$$\psi(\cdot,t) = U(t)\varphi_0.$$
一方，ξ 空間において $\beta_t(\xi)$ を掛ける掛け算作用素を $\widehat{U}(t)$ と書けば，$\widehat{U}(t)$ も (ξ を変数とする) $\mathcal{S}$ における作用素である．(3.13) によれば $U(t), \widehat{U}(t)$ は
$$U(t) = \mathcal{F}_\hbar^* \widehat{U}(t)\mathcal{F}_\hbar, \qquad \widehat{U}(t) = \mathcal{F}_\hbar U(t)\mathcal{F}_\hbar^* \tag{3.14}$$
で結ばれている．いいかえれば，$U(t)$ は $\widehat{U}(t)$ とユニタリ同値な作用素として，$\mathcal{F}$ を通じて構成されたものである．

$U(t)$ はある時刻の状態を t だけ後の時刻の状態に写す作用素であり，自由粒子系の**発展作用素**と呼ばれる[*1]．

$\widehat{U}(0) = I$ (I は恒等作用素) であり，$\widehat{U}(t)$ が関係
$$\widehat{U}(t)\widehat{U}(s) = \widehat{U}(t+s), \quad 特に \quad \widehat{U}(-t) = \widehat{U}(t)^{-1} \tag{3.15}$$
を満たすことは明らかである．これと (3.14) から，$U(t)$ も $U(0) = I$ および
$$U(t)U(s) = U(t+s), \quad 特に \quad U(-t) = U(t)^{-1} \tag{3.16}$$
を満たすことが分かる．実際，
$$U(t+s) = \mathcal{F}_\hbar^* \widehat{U}(t)\widehat{U}(s)\mathcal{F}_\hbar = \mathcal{F}_\hbar^* \widehat{U}(t)\mathcal{F}_\hbar \mathcal{F}_\hbar^* \widehat{U}(s)\mathcal{F}_\hbar = U(t)U(s).$$
このように，ユニタリ同値な作用素は共通な性質を持つ．

$\widehat{U}(t)^* = \widehat{U}(-t) = \widehat{U}^{-1}$ であることは容易に分かる．ゆえに，$\widehat{U}(t)$ はユニタリ作用素であり，したがって $U(t)$ もユニタリ作用素である．特に，$\|U(t)\varphi_0\|^2 = \|\varphi_0\|^2$ が成り立つが，これを詳しく書けば，
$$\int_{\mathbf{R}^3} |\psi(x,t)|^2 \mathrm{d}x = \int_{\mathbf{R}^3} |\varphi_0(x)|^2 \mathrm{d}x$$
となる．これは，全確率保存の法則にほかならない．

もう一度 Schrödinger 方程式 (3.8) を振り返ってみると，右辺の $-\dfrac{\hbar^2}{2m}\triangle = \dfrac{1}{2m}(-i\hbar\nabla)^2$ は自由粒子のハミルトニアン $\dfrac{1}{2m}p^2$ に対応する作用素であった．そこで，ハミルトニアンを x 空間では H，ξ 空間では $\widehat{H}$ と記す習慣に従って，

[*1] これは数学の用語．参考書 [2] では時間推進の演算子と呼んでいる．

$$H = -\frac{\hbar^2}{2m}\triangle, \qquad \widehat{H} = \frac{1}{2m}M_{\xi^2}$$

とおく．(3.6) によれば，H, $\widehat{H}$ は

$$H = \mathcal{F}_\hbar^* \widehat{H} \mathcal{F}_\hbar, \qquad \mathcal{F}_\hbar H \mathcal{F}_\hbar^* = \widehat{H}$$

で結ばれている．この H を用いて Schrödinger 方程式 (3.8) は

$$i\hbar \frac{\partial}{\partial t}\psi(\cdot, t) = H\psi(\cdot, t)$$

と書ける．この方程式の解を与えるのが $U(t)$ (ξ 空間では $\widehat{U}(t)$) なのだから，$U(t)$, $\widehat{U}(t)$ を指数関数にならって

$$U(t) = e^{-(i/\hbar)tH} = \exp(-(i/\hbar)tH), \tag{3.17}$$

$$\widehat{U}(t) = e^{-(i/\hbar)t\widehat{H}} = \exp(-(i/\hbar)t\widehat{H}) \tag{3.18}$$

と書く．この書き方は，$U(t)$ については形式的なものだが，$\widehat{U}(t)$ については実質的な意味を持つ．すなわち，(3.12) の $\beta_t(\xi)$ を $\exp\{-(i/\hbar)t(\xi^2/2m)\}$ と書けば，これは $\widehat{U}(t) = \exp\{-(i/\hbar)t\widehat{H}\}$ そのものと言ってもよい．

(c) 解の積分核による表示

$\widehat{U}(t)$ は $\beta_t(\xi)$ を掛け算因子とする掛け算作用素であるから，$U(t)$ は形式的には $(2\pi)^{-3/2}\widetilde{\beta}_t$ との合成積になる．形式的と言ったのは，β_t は可積分ではなく逆 Fourier 変換 $\widetilde{\beta}_t$ が収束する積分としては計算できないからである．しかし，$\beta_t(\xi)$ で it を $it + \varepsilon$, $\varepsilon > 0$ で置き換えれば，逆 Fourier 変換は収束積分として計算できる．まずその計算をやってみるが，一般的な命題なので積分変数は ξ でなく x とする．

命題 3.1 $a \in \mathbf{C}$, $b \in \mathbf{C}^3$ とし，$\operatorname{Re} a > 0$ と仮定する．($\mathbf{C}^3$ は 3 次元複素ベクトルの全体を表す．) そのとき

$$\int_{\mathbf{R}^3} e^{-ax^2/2} e^{bx} dx = \left(\frac{2\pi}{a}\right)^{3/2} e^{b^2/2a}. \tag{3.19}$$

ただし $a^{3/2}$ は $a > 0$ のとき正数である枝をとる．

［証明］ まず，$a > 0$ として (3.19) を証明する．(3.19) の被積分関数は 1 変数の同じ形の関数の積だから，x は 1 次元変数と思って計算してから積を作れば

§3.1 Schrödinger 方程式の解

よい．そこで

$$\int_{-\infty}^{\infty} e^{-ax^2/2} e^{bx} dx = e^{b^2/2a} \int_{-\infty}^{\infty} e^{-a(x-b/a)^2/2} dx$$

の右辺の積分で $x-b/a=z$ と変換すると，z の積分路は $-\infty-b/a$ から $\infty-b/a$ にいたる直線になるが，Cauchy の定理を使って積分路を実軸に戻すことができる．そうすると積分計算は周知の公式 $\int_{-\infty}^{\infty} e^{-ax^2/2} dx = \sqrt{\dfrac{2\pi}{a}}$ に帰着する．3 変数についての積を作れば (3.19) が得られる．

さて，(3.19) において両辺は共に半平面 $\{\mathrm{Re}\,a>0\}$ において a の正則関数である．実際，右辺についてはこれは自明．左辺については，左辺の積分および左辺の被積分関数を a で微分したものを被積分関数とする積分は，共に $\{\mathrm{Re}\,a \geq \delta > 0\}$ において一様収束することに注意して命題 2.5 を用いればよい．前段により (3.19) は $a>0$ のとき成立していたから，一致の定理により $\mathrm{Re}\,a > 0$ のとき成立する． ∎

(3.19) において $b=-i\hbar^{-1}\xi$ とすれば，Gauss 分布の Fourier 変換に関する次の公式が得られる．

系 3.1 $\mathrm{Re}\,a > 0$ とするとき

$$\begin{cases} (\mathcal{F}_\hbar e^{-ax^2/2})(\xi) = \dfrac{1}{(\hbar a)^{3/2}} e^{-\xi^2/2a\hbar^2}, \\ (\mathcal{F}_\hbar^* e^{-a\xi^2/2})(x) = \dfrac{1}{(\hbar a)^{3/2}} e^{-x^2/2a\hbar^2}. \end{cases} \quad (3.20)$$

(3.20) で a を純虚数 $it/m\hbar$ で置き換えることはできないが，仮に置き換えられるとして合成積を作るとそれが正しい答になることが分かる．

定理 3.3 初期値問題 (3.8), (3.11) の解は x 空間では次のように与えられる．

$$\psi(x,t) = (U(t)\varphi_0)(x)$$
$$= \left(\dfrac{m}{2\pi\hbar it}\right)^{3/2} \int_{\mathbf{R}^3} e^{-m(x-y)^2/2i\hbar t} \varphi_0(y) dy. \quad (3.21)$$

ここで $(it)^{3/2}$ の偏角は $t \gtrless 0$ に応じて $\pm 3\pi/4$ である．

［証明］ (3.13) から (3.21) を導けばよい．(3.13) の右側第 2 行において，$\mathcal{F}_\hbar \varphi_0 \in \mathcal{S}$ だから右辺の積分は絶対収束している．したがって，定理 2.3 の証明と同様に，収束因子 $e^{-\varepsilon\xi^2/2m\hbar}$ を導入して積分を計算してから，$\varepsilon \to 0$ の

極限をとればよい．収束因子つきの積分は次のように計算される：

$$\int_{\mathbf{R}^3} e^{-\varepsilon \xi^2/2m\hbar} \beta(\xi,t)(\mathcal{F}_\hbar \varphi_0)(\xi) e^{i\hbar^{-1}\xi x} d\xi$$

$$= (2\pi\hbar)^{-3/2} \int_{\mathbf{R}^3} \varphi_0(y) dy \int_{\mathbf{R}^3} e^{-(\varepsilon+it)\xi^2/(2m\hbar)+i\hbar^{-1}\xi(x-y)} d\xi$$

$$= \left(\frac{m}{\varepsilon+it}\right)^{3/2} \int_{\mathbf{R}^3} e^{-m(x-y)^2/\{2\hbar(\varepsilon+it)\}} \varphi_0(y) dy.$$

ここで $\varepsilon \to 0$ とし，(3.13) の右辺の積分の前にあった係数を掛けてやれば (3.21) がでる．($\varepsilon \to 0$ のときの右辺の積分の収束については演習問題 3.1 参照.) ∎

(d) Hilbert 空間 L^2 での解

これまでは，Schrödinger 方程式 (3.8) を空間 $\mathcal{S}$ の中で解いてきた．この節の最後に，$L^2(\mathbf{R}^3)$ の中で解くとどうなるかを説明しておこう．そのときにも，(3.13), (3.21) が解を与えることになるのだが，$\varphi_0 \in L^2(\mathbf{R}^3)$ の場合両式とも右辺の積分が必ずしも絶対収束せず，積分に適当な意味づけが必要になる．それを，(3.13) について解説しよう．

まず Fourier 変換の理論を $\mathcal{S}$ 上の理論から L^2 上の理論に拡張する必要がある[*2]．Fourier 変換は (3.1) で定義されたが，$f \in L^2(\mathbf{R}^3)$ を仮定しただけでは，f が $\mathbf{R}^3$ 上で可積分とは限らず (3.1) の右辺の積分が絶対収束するとは限らない．しかし，積分範囲を任意の有界集合，例えば原点を中心とする半径 R の球 $B_R = \{x \in \mathbf{R}^3 \mid |x| < R\}$ に置き換えれば積分は絶対収束し，ξ の連続関数を与える．その関数は $L^2(\mathbf{R}^3)$ に属し，$R \to \infty$ のとき $L^2(\mathbf{R}^3)$ で収束することが証明できる．その極限が f の Fourier 変換である．詳しく書くと次のようになる．

$$\lim_{R \to \infty} \int_{\mathbf{R}^3} \left| \mathcal{F}_\hbar f(\xi) - \left(\frac{1}{2\pi\hbar}\right)^{3/2} \int_{|x|<R} f(x) e^{-i\hbar^{-1}\xi x} dx \right|^2 d\xi = 0.$$

逆 Fourier 変換についても同様．そして，$L^2(\mathbf{R}^3)$ における Fourier 変換に対しても (2.17)〜(2.19) に相当する関係が成り立つ．これらの証明には Lebesgue 積

[*2] $f \in L^2$ の Fourier 変換は，緩増加超関数の意味では定義されているが，それが L^2 の関数になるという議論は一度はやらなければならない．

分が必要であり，本書では立ち入らない．

(3.13) の右辺の積分の収束についても事情は同様で，積分の意味づけに同じ考えを用いる必要がある．その結果，$\varphi_0 \in L^2(\mathbf{R}^3)$ に対する初期値問題 (3.8), (3.11) の解 $\psi(x,t)$ は次の関係によって定められることが分かる．

$$\lim_{L\to\infty}\int_{\mathbf{R}^3}\left|\psi(x,t)-\frac{1}{(2\pi\hbar)^{3/2}}\int_{|\xi|<L}\beta(\xi,t)(\mathcal{F}_\hbar\varphi_0)(\xi)\mathrm{e}^{\mathrm{i}\hbar^{-1}\xi x}\mathrm{d}\xi\right|^2\mathrm{d}x=0.$$

(3.21) については，同様の議論は繰り返さず結果だけをあげておく．

$$\lim_{R\to\infty}\int_{\mathbf{R}^3}\left|\psi(x,t)-\left(\frac{m}{2\pi\hbar\mathrm{i}t}\right)^{3/2}\int_{|y|<R}\mathrm{e}^{-m(x-y)^2/2\mathrm{i}\hbar t}\varphi_0(y)\mathrm{d}y\right|^2\mathrm{d}x=0.$$

§3.2　解の漸近的性質と自由粒子の運動

古典力学に従う自由粒子は等速直線運動をして無限遠方に飛び去る．一方，量子論では粒子は波動性，粒子性の両面をもつが，前節で求めた波動関数 $\psi(x,t)$ にはこの二面性はどう反映しているだろうか．この節ではその一端を調べる．

(a)　無限遠方への拡散

§1.3 において，波動関数 $\psi(x,t)$ で表される粒子が時刻 t に x 空間の領域 D に存在する確率 (相対確率) を $p(t,D)$ で表した ((1.28) 参照)．同様に粒子の運動量が ξ 空間の領域 $\widehat{D}$ に値をとる確率 (相対確率) を $\widehat{p}(t,\widehat{D})$ で表すことにしよう．すなわち

$$\widehat{p}(t,\widehat{D})=\int_{\widehat{D}}|(\mathcal{F}_\hbar\psi)(\xi,t)|^2\mathrm{d}\xi.$$

$\widehat{p}(t,\widehat{D})$ は運動量の確率分布を表している．自由粒子の場合，$\widehat{U}(t)$ が $\mathrm{e}^{\mathrm{i}f(\xi,t)}$ (f は実数値関数) という形の関数を掛ける作用素であるので，$\widehat{p}(t,\widehat{D})$ は t によらない定数である．すなわち，自由粒子に対しては運動量の確率分布は変化しない．

一方，x 空間での位置の確率分布 $p(t,D)$ は変化する．最も簡単に示せることは，粒子は無限遠方に逃げていくことで，次の定理が成り立つ．

定理 3.4　D が体積有限な領域ならば，特に D が有界領域ならば

$$\lim_{|t|\to\infty} p(t,D) = 0. \tag{3.22}$$

□

注意 3.3 全確率 $p(\mathbf{R}^3) = p(t,\mathbf{R}^3)$ は有限かつ t によらず一定である．ゆえに，(3.22) によれば，任意の有界領域 D に対して

$$\lim_{|t|\to\infty} p(t,D) = 0, \quad \lim_{|t|\to\infty} p(t,\mathbf{R}^3 \setminus D) = p(t,\mathbf{R}^3) = \|\varphi_0\|^2.$$

これは，有界領域 D をどのようにとっても，粒子は終局的には D の外にある（正確にいえば，$|t| \to \infty$ のとき漸近的に D の外にある）ことを示している．

[証明] 簡単のため $\|\varphi_0\|_1 = \int_{\mathbf{R}^3} |\varphi_0(x)| dx$ とおく．(3.21) により

$$|\psi(x,t)|^2 \leq c|t|^{-3} \|\varphi_0\|_1^2, \quad c = \left(\frac{m}{2\pi\hbar}\right)^3. \tag{3.23}$$

これを D 上で積分して $p(t,D) \leq c|D| \|\varphi_0\|_1^2 |t|^{-3} \to 0$．（$|D|$ は D の体積を表す．）

■

注意 3.4 上の証明から分かるように，$\varphi_0 \in \mathcal{S}$ ならば $p(t,D) = O(|t|^{-3})$, $|t| \to \infty$ である．この評価は φ_0 が可積分ならば成り立つが，$\varphi_0 \in L^2(\mathbf{R}^3)$ という条件だけでは，成り立つとは限らない．しかし，(3.22) は L^2 の場合にも成り立つ．その証明は稠密性の原理という関数解析での初等的な手段を使えばできる．

注意 3.5 形式的ではあるが (3.13) において $\mathcal{F}_\hbar \varphi_0(\xi) = \delta(\xi - k)$（$\delta$ は 3 次元空間上のデルタ関数でその定義は (2.24) と同様）とおいてみると (1.24) の $\psi(x,t)$ がでてくる．それは k 方向に速度 $|k|/2m$ で進行する平面波を表す．この波に対しては $p(t,D)$ は t によらず，$|D|$ に比例する．しかし，この場合全確率は有限ではない．定理 3.4 は全確率有限な場合，すなわち波束に対して成り立つ定理である．

(b) 解の漸近形

定理 3.3 で求めた (3.21) を詳しくみると，古典力学との対比をもう少し精密にできる．(3.21) を書き直すと

$$\psi(x,t) = (U(t)\varphi_0)(x)$$
$$= \left(\frac{m}{2\pi\hbar it}\right)^{3/2} e^{imx^2/2\hbar t} \int_{\mathbf{R}^3} e^{-imxy/\hbar t} e^{imy^2/2\hbar t} \varphi_0(y) dy \tag{3.24}$$

となる．右辺の積分は，定数倍を別とすれば関数 $e^{imy^2/2\hbar t}\varphi_0(y)$ を Fourier 変換して，変数 ξ のところに mx/t を代入したものにほかならない．記述を簡単

にするため $\mathcal{S}$ における作用素 $A(t), D(t)$ を

$$\begin{cases} A(t)\varphi(x) = \mathrm{e}^{imx^2/2\hbar t}\varphi(x), \\ D(t)\varphi(x) = \left(\dfrac{m}{it}\right)^{3/2} \varphi\left(\dfrac{mx}{t}\right) \end{cases} \tag{3.25}$$

と定義しよう．ただし，偏角についての約束は定理3.3と同様，すなわち $D(t)\varphi(x)$ $= \mathrm{e}^{\mp 3\pi i/4}(m/|t|)^{3/2}\varphi(mx/t)(t \gtrless 0)$．$A(t), D(t)$ は $\mathcal{S}$ におけるユニタリ作用素になる．$A(t)$ についてはこれは自明．$D(t)$ についてはまず $y=mx/t$ と変数変換することによって $\|D(t)\varphi\|^2=\|\varphi\|^2$ を確かめる．さらに，$\mp iD(m^2/t) = D(t)^{-1}$ を確かめれば $D(t)$ が $\mathcal{S}$ の上への写像であることが分かる．

問 3.3 $\mp iD(m^2/t) = D(t)^{-1}$ ($t \gtrless 0$) を確かめよ．

これらの作用素を使って (3.24) を作用素の等式として書き少し変形すると

$$U(t) = A(t)D(t)\mathcal{F}_\hbar A(t) = A(t)D(t)\mathcal{F}_\hbar + R(t), \tag{3.26}$$
$$R(t) = A(t)D(t)\mathcal{F}_\hbar(A(t) - I) \tag{3.27}$$

が得られる．$A(t), D(t), \mathcal{F}_\hbar$ はいずれもユニタリだから

$$\|R(t)\varphi_0\|^2 = \|(A(t)-I)\varphi_0\|^2 = \int_{\mathbf{R}^3} \left|\left(\mathrm{e}^{imx^2/2\hbar t}-1\right)\varphi_0(x)\right|^2 \mathrm{d}x \tag{3.28}$$

となる．ここで，右辺の積分は $|t| \to \infty$ のとき 0 に近づく (演習問題 3.2 参照)．ゆえに，$\lim_{|t|\to\infty} \|R(t)\varphi_0\| = 0$ である．このことは，(3.26) の右辺の第1項が $U(t)$ の $|t| \to \infty$ のときの漸近形であり，$R(t)$ が誤差項であることを示している．

以上をまとめて，次の定理が得られる．

定理 3.5 任意の $\varphi_0 \in \mathcal{S}$ に対して

$$\lim_{|t|\to\infty} \|R(t)\varphi_0\| = 0, \tag{3.29}$$

したがって

$$\lim_{|t|\to\infty} \int_{\mathbf{R}^3} \left|\psi(x,t) - \left(\frac{m}{it}\right)^{3/2} \mathrm{e}^{imx^2/2\hbar t}(\mathcal{F}_\hbar\varphi_0)\left(\frac{mx}{t}\right)\right|^2 \mathrm{d}x = 0 \tag{3.30}$$

が成り立つ. □

注意 3.6 定理 3.5 は $\varphi_0 \in \mathcal{S}$ に対して導かれたが, (3.29), (3.30) そのものは $\varphi_0 \in L^2(\mathbf{R}^3)$ という条件だけで成り立つ. 注意 3.4 の場合と同じく, 証明は稠密性の原理による.

注意 3.7 $A(t)$, $D(t)$, $\mathcal{F}_\hbar$ の代わりに, $\widetilde{A}(t)\varphi(x) = \mathrm{e}^{\mathrm{i}x^2/2t}\varphi(x)$, $\widetilde{D}(t)\varphi(x) = (\mathrm{i}t)^{-3/2}\varphi(x/t)$, $\mathcal{F}$ を使うと, (3.26) は $U(t) = \widetilde{A}(\hbar t/m)\widetilde{D}(\hbar t/m)\mathcal{F}\widetilde{A}(\hbar t/m)$ となる. $\widetilde{D}$ に対しては $\widetilde{D}(t)\widetilde{D}(s) = \mathrm{i}^{-3/2}\widetilde{D}(ts)$ $(t, s > 0)$ が成り立つ.

(c) 位置分布の漸近形

(3.30) で $\psi(x, t)$ の漸近形を与えている関数を

$$\psi_a(x, t) = \left(\frac{m}{\mathrm{i}t}\right)^{3/2} \mathrm{e}^{\mathrm{i}mx^2/2\hbar t}(\mathcal{F}_\hbar \varphi_0)\left(\frac{mx}{t}\right) \quad (3.31)$$

とおき, 簡単のため $\psi(t) = \psi(\cdot, t)$, $\psi_a(t) = \psi_a(\cdot, t)$ と書く. (3.25) の記号を使えば $\psi_a(t) = A(t)D(t)\mathcal{F}_\hbar \varphi_0$ だから $\|\psi_a(t)\| = \|\varphi_0\|$ である. $\psi(t) - \psi_a(t) = R(t)\varphi_0$ であり, (3.29) または (3.30) は, $\psi(t)$ は $|t| \to \infty$ のとき L^2 ノルムの意味で漸近的に $\psi_a(t)$ に近づくことを示している.

$\psi_a(t)$ に対する位置の存在確率 $p_a(t, D)$ を $p(t, D)$ と同様に定義する. 議論をみやすくするため関数 $f(x)$ の D 上での L^2 ノルムを $\|f\|_D = \left(\int_D |f(x)|^2 \mathrm{d}x\right)^{1/2}$ と書いて, $p(t, D)$, $p_a(t, D)$ をノルムで表すと次のようになる.

$$p(t, D) = \|\psi(t)\|_D^2, \qquad p_a(t, D) = \|\psi_a(t)\|_D^2.$$

命題 3.2 任意の $\varphi_0 \in \mathcal{S}$ に対して次の評価が成り立つ.

$$\left|p(t, D) - p_a(t, D)\right| \leq \left(\|\psi(t)\|_D + \|\psi_a(t)\|_D\right)\|R(t)\varphi_0\|_D. \quad (3.32)$$

[証明] ノルムが満たす不等式 $\left|\|u\| - \|v\|\right| \leq \|u - v\|$ を使って次のようにすればよい.

$$\begin{aligned}
\left|p(t, D) - p_a(t, D)\right| &= \left|\|\psi(t)\|_D^2 - \|\psi_a(t)\|_D^2\right| \\
&= \left(\|\psi(t)\|_D + \|\psi_a(t)\|_D\right)\left|\|\psi(t)\|_D - \|\psi_a(t)\|_D\right| \\
&\leq \left(\|\psi(t)\|_D + \|\psi_a(t)\|_D\right)\|R(t)\varphi_0\|_D.
\end{aligned}$$

§3.2 解の漸近的性質と自由粒子の運動

(3.32) から引き出される結論を二つ述べる．そのために $p_a(t, D)$ を次のように変形しておく．集合 D と実数 α に対して $\alpha D = \{\alpha x \,|\, x \in D\,\}$ と書くことにして，

$$p_a(t, D) = \left|\frac{m}{t}\right|^3 \int_D \left|(\mathcal{F}_\hbar \varphi_0)\left(\frac{mx}{t}\right)\right|^2 \mathrm{d}x = \int_{\frac{m}{t}D} |(\mathcal{F}_\hbar \varphi_0)(\xi)|^2 \mathrm{d}\xi. \tag{3.33}$$

我々は $|t| \to \infty$ のときの漸近形に関心を持っているから，時刻 $t = 0$ における波束 φ_0 は原点 $x = 0$ の近くに凝集していると考えてよい．

最初に，初期波束の Fourier 変換 $\mathcal{F}_\hbar \varphi_0(\xi)$ が ξ 空間のある閉集合 K の外では 0 である場合を考えよう．これは，初期波束の運動量分布が K 内に限られているということである．いま，時刻 $t = 0$ に原点 $x = 0$ にある古典粒子の運動量が K の範囲にあるとすれば，その速度は $(1/m)K$ の中にあり，したがって時刻 t におけるその粒子の位置は x 空間内の集合 $K(t) \equiv (t/m)K$ の中にある．$K(t)$ の補集合 $\mathbf{R}^3 \setminus K(t)$ を $K(t)^c$ と表す．$K(t)$ を**古典許容領域**，$K(t)^c$ を**古典禁止領域**と呼ぼう．さて，φ_0 を初期波束とする量子力学的自由粒子については，次の定理が成り立つ．

定理 3.6 $\|\varphi_0\| = 1$ とし，$\mathcal{F}_\hbar \varphi_0$ は ξ 空間の閉集合 K の外では 0 であるとする．そのとき

$$\lim_{|t| \to \infty} p(t, K(t)^c) = 0, \qquad \lim_{|t| \to \infty} p(t, K(t)) = 1 \tag{3.34}$$

が成り立つ．すなわち，$|t| \to \infty$ のとき波束 $\psi(x, t)$ は漸近的に古典許容領域内にある．

［証明］(3.32) で D に $K(t)^c$ を代入する．$\|\psi(t)\| = \|\psi_a(t)\| = 1$ と (3.29) を使えば

$$|p(t, K(t)^c) - p_a(t, K(t)^c)| \leq 2\|R(t)\varphi_0\| \to 0, \quad |t| \to \infty \tag{3.35}$$

が得られる．一方，(3.33) で $D = K(t)^c$ とし，$(m/t)K(t)^c = K^c$ (K^c は K の補集合) であることに注意すれば $p_a(t, K(t)^c) = 0$ であることが分かる．これと (3.35) から (3.34) の第 1 式がでる．$p(t, K(t)) + p(t, K(t)^c) = 1$ だから第 2 式は第 1 式からでる． ∎

注意 3.8 注意 3.4，注意 3.6 と同じく，定理 3.6 の結果は $\varphi_0 \in L^2$ の場合にも

成り立つ．

次に，有限な領域 D を固定して $|t| \to \infty$ とすることを考えよう．$t=0$ に原点を出発した古典粒子が時刻 t に D 内にあるためには，粒子の速度ベクトルは $(1/t)D$ 内になければならず，したがって運動量は $(m/t)D$ 内になければならない．今度は D と t によって決まる古典許容領域が ξ 空間の中にできている．(3.33) によれば，そのような古典許容領域での初期波束 φ_0 の運動量分布を寄せ集めると $p_a(t,D)$ ができるのである．ただし，$|t|$ が大きくなるとき $p(t,D)$, $p_a(t,D)$ 共に 0 に近づくので，誤差の方が漸近項 $p_a(t,D)$ より小さくなることを確かめるにはもう少し解析がいる．それをやってみよう．φ_0 が $|x| \to \infty$ のとき急速に 0 に近づくことを使うので，これからの議論は $\varphi_0 \in L^2$ の場合には通用しない．

命題 3.3 $\varphi_0 \in \mathcal{S}$ とし，D を x 空間内の体積有限な領域とする．そのとき，次の評価が成り立つ．ただし，次の (3.36) において c_1, c_2 は φ_0 で決まる定数である．

$$\|R(t)\varphi_0\|_{\mathbf{R}^3} \leqq \frac{c_1}{|t|}, \qquad \|R(t)\varphi_0\|_D \leqq \frac{c_2|D|}{|t|^{5/2}}. \tag{3.36}$$

[証明] $\left|e^{iX}-1\right| \leqq |X|$ (X は実数) に注意すれば (3.28) から

$$\|R(t)\varphi_0\|^2 \leqq \left(\frac{m}{2\hbar|t|}\right)^2 \int_{\mathbf{R}^3} \left|x^2 \varphi_0(x)\right|^2 dx$$

が得られる．$\varphi_0 \in \mathcal{S}$ は急減少だから右辺の積分は有限であり，(3.36) の第 1 式が示された．

以下，$m, \hbar$ のみで決まる定数を一律に c で表す．第 2 式を示すために，まず $\|R(t)\varphi_0\|_D = \|D(t)\mathcal{F}_\hbar(A(t)-I)\varphi_0\|_D$ であること，また一般に $|(D(t)h)(x)| \leqq c|t|^{-3/2}\|h\|_\infty$ であることに注意しよう ($\|h\|_\infty = \sup_{x \in \mathbf{R}^3}|h(x)|$)．すると

$$\|R(t)\varphi_0\|_D \leqq c|t|^{-3/2}|D|^{1/2}\|\mathcal{F}_\hbar(A(t)-I)\varphi_0\|_\infty$$
$$\leqq c|t|^{-3/2}|D|^{1/2} \int_{\mathbf{R}^3}\left|\left(e^{imx^2/2\hbar t}-1\right)\varphi_0(x)\right|dx$$

ここで，再び $\left|e^{iX}-1\right| \leqq |X|$ を用いれば右辺の積分は $c|t|^{-1}\int_{\mathbf{R}^3}\left|x^2\varphi_0(x)\right|dx$ を超えないことが分かる．以上を合わせて (3.36) の第 2 式が示される． ∎

定理 3.7 $\varphi_0 \in \mathcal{S}$ とし，D は体積有限な領域とする．$|t| \to \infty$ のとき

$$p_a(t, D) = \mathrm{O}(|t|^{-3}), \tag{3.37}$$
$$p(t, D) = p_a(t, D) + \mathrm{O}(|t|^{-4}). \tag{3.38}$$

[証明] 以下，φ_0, D によって決まる定数を無差別に c_2 と書く．$\varphi_0 \in \mathcal{S}$ のとき $|\mathcal{F}_\hbar \varphi_0|$ は有界であることに注意すれば，(3.37) は (3.33) の中辺から出る．(3.38) を示すには，(3.32) の右辺が $\mathrm{O}(|t|^{-4})$ であることを見ればよい．(3.23) から $\|\psi(t)\|_D \leq c_2 |t|^{-3/2}$ であることが分かる．$\psi_a(t)$ についても，(3.31) から (3.23) に相当する関係が得られるから同様の評価を得る．これらと (3.36) の第2式を合わせれば目的を達する． ∎

以上の解析によると，もし初期波束を $\varphi_0(x)$ の x 空間での存在領域および $\mathcal{F}_\hbar \varphi_0(\xi)$ の ξ 空間での存在領域が共に非常に小さいように選べるならば，ミクロなレベルでも，質点の古典的な運動に近い状況を作れるのではないかと考えられる．残念ながらそうはいかない．それは $\varphi_0(x)$ と $\mathcal{F}_\hbar \varphi_0(\xi)$ の存在範囲を共に無制限に小さくすることはできないからである．これは不確定性原理といわれる量子力学の基本原理に関係している．次節でそれについて述べよう．

§3.3 不確定性原理と交換関係

(a) Gauss 型波束の広がり

$\delta > 0$ をパラメータとして 3 次元空間における正規化された Gauss 分布型の波束

$$\varphi_\delta(x) = \frac{1}{\pi^{3/4} \delta^{3/2}} \mathrm{e}^{-x^2/2\delta^2}$$

を考えよう[*3]．(3.20) から

$$\mathcal{F}_\hbar \varphi_\delta(\xi) = \varphi_{\hbar/\delta} \tag{3.39}$$

であることがわかる．

問 3.4 $\|\varphi_\delta\|^2 = 1$ と (3.39) を検証せよ．

[*3] 確率統計での Gauss 分布 (正規分布) では φ_δ の積分が 1 となるように係数を調節するが，量子論の正規化では φ_δ^2 の積分が 1 になるようにしている．

波束 φ_δ は $\delta > 0$ が小さくなると背が高くなって原点の近くに集中し，δ が大きくなると背が低くなって裾野が広がる．このとき δ^2 が分散を表す量になる．(3.39) によれば φ_δ^2 が x 空間で原点に集中してくると，$\mathcal{F}_\hbar \varphi_\delta^2$ は ξ 空間で広がっていく．定量的には，x, ξ の一つの成分 x_i, ξ_i ($i = 1, 2, 3$) について，両者の分散を表す量の積は一定となるのである．すなわち，

$$(\Delta x_i)^2 = (x_i^2 \varphi_\delta, \varphi_\delta) = \int_{\mathbf{R}^3} x_i^2 \varphi_\delta^2(x) \mathrm{d}x, \tag{3.40}$$

$$(\Delta \xi_i)^2 = (\xi_i^2 \mathcal{F}_\hbar \varphi_\delta, \mathcal{F}_\hbar \varphi_\delta) = \int_{\mathbf{R}^3} \xi_i^2 \mathcal{F}_\hbar \varphi_\delta(\xi)^2 \mathrm{d}\xi \tag{3.41}$$

とおくと (x_i, ξ_i の平均値は 0 であることに注意)，

$$\Delta x_i \cdot \Delta \xi_i = \frac{1}{2} \hbar \tag{3.42}$$

が成り立つ．このことは，§3.3 (b)，§3.3 (c) で述べる一般的な考察から出てくるが，今の段階で直接計算で確かめておくとよいだろう (演習問題 3.3)．

以上のことは Gauss 型波束の範囲では，粒子の位置と運動量の両方をどこまでも精密に指定することは不可能であることを示している．次の項でみるように，これは一般の波束に対しても成り立つ．

(b) 不確定性原理と交換関係，一般論

この項では $\mathcal{D}$ は一般の内積空間，$A, B, \cdots$ は $\mathcal{D}$ での対称な線形作用素であるとする．また $A, B, \cdots$ は $\mathcal{D}$ 全体で定義されているものとする．

正規化された $\varphi \in \mathcal{D}$ ($\|\varphi\| = 1$) に対して

$$\langle A \rangle = \langle A \rangle_\varphi = (A\varphi, \varphi) \tag{3.43}$$

とおく．$\langle A \rangle$ は状態 φ における A の期待値 (平均値) である．φ は固定して考えるので $\langle \ \rangle_\varphi$ の添字 φ は普通省略する．

平均値からのずれを表す作用素として $A - \langle A \rangle$ を考え，

$$(\Delta A)^2 = \left\langle (A - \langle A \rangle)^2 \right\rangle = \|(A - \langle A \rangle)\varphi\|^2 \tag{3.44}$$

とおく．A が対称だから $\langle A \rangle$ は実数，$(\Delta A)^2$ は正または 0 である．ΔA は $(\Delta A)^2$ の非負の平方根とする．これらの記号は物理の習慣に従っている．ΔA が状態 φ における A の分散にあたる．

§3.3 不確定性原理と交換関係

二つの作用素 A, B に対して A, B の**交換子** (commutator) $[A, B]$ は

$$[A, B] = AB - BA$$

と定義される．A, B は $\mathcal{D}$ 全体で定義されているから，$[A, B]$ も $\mathcal{D}$ 全体で定義される．$[A, B]$ は反対称な作用素である ($[A, B]^* = -[A, B]$).

定理 3.8 (不確定性関係) 任意の対称な A, B と正規化された φ ($\|\varphi\| = 1$) に対して

$$\varDelta A \cdot \varDelta B \geq \frac{1}{2} \left| ([A, B]\varphi, \varphi) \right| \tag{3.45}$$

が成り立つ．ここで等号条件は次の (3.46), (3.47) が同時に成り立つことである．

$$A\varphi, B\varphi, \varphi \text{ は線形従属}, \tag{3.46}$$

$$\langle AB + BA \rangle = 2\langle A \rangle \langle B \rangle. \tag{3.47} \ \square$$

定理を証明するために，まず次の命題から始める．

命題 3.4 任意の A, B, φ に対して

$$\|A\varphi\|^2 \|B\varphi\|^2 \geq \frac{1}{4} \left| ([A, B]\varphi, \varphi) \right|^2 \tag{3.48}$$

が成り立つ．ここで等号条件は次の (3.49), (3.50) が同時に満たされることである．

$$A\varphi \text{ と } B\varphi \text{ は線形従属}, \tag{3.49}$$

$$((AB + BA)\varphi, \varphi) = 0. \tag{3.50}$$

［証明］ Schwarz の不等式 (2.1) により $\|A\varphi\|^2 \|B\varphi\|^2 \geq |(A\varphi, B\varphi)|^2$ が成り立つ．(2.1) のところでは述べなかったが，等号条件は (3.49) が成り立つことであることが知られている．そこで

$$\|A\varphi\|^2 \|B\varphi\|^2 \geq |(A\varphi, B\varphi)|^2 = |(BA\varphi, \varphi)|^2$$

$$= \left| \frac{1}{2}([A, B]\varphi, \varphi) - \frac{1}{2}((AB + BA)\varphi, \varphi) \right|^2$$

$$= \frac{1}{4} \left| ([A, B]\varphi, \varphi) \right|^2 + \frac{1}{4} \left| ((AB + BA)\varphi, \varphi) \right|^2$$

と変形する．ここで，3 番目の等号を導くところで，$([A, B]\varphi, \varphi)$ は純虚数 (なぜならば $[A, B]$ は反対称)，$((AB + BA)\varphi, \varphi)$ は実数 (なぜならば $AB + BA$ は対称) であることを用いている．右辺で第 2 項を捨てれば不等式 (3.48) が得ら

れ，ここでの等号条件は (3.50) である．

[定理 3.8 の証明] まず，(3.4) でみたように
$$(\Delta A)^2 = \|(A - \langle A \rangle)\varphi\|^2, \quad (\Delta B)^2 = \|(B - \langle B \rangle)\varphi\|^2 \quad (3.51)$$
であることに注意する．次に $A - \langle A \rangle$, $B - \langle B \rangle$ に命題 3.4 を適用する．そのときでてくる (3.48)〜(3.50) に相当する関係を (3.48)′〜(3.50)′と書こう．(3.51) と自明な関係 $[A - \langle A \rangle, B - \langle B \rangle] = [A, B]$ により，(3.48)′は (3.45) と同値である．(3.49)′ $\Rightarrow$ (3.46) は自明．逆に (3.46) が成り立つとすると，$\alpha A\varphi + \beta B\varphi + \gamma\varphi = 0$, $(\alpha, \beta, \gamma) \neq (0, 0, 0)$ である．これと φ との内積をとり $(\varphi, \varphi) = 1$ を使えば，$\gamma = -(\alpha\langle A \rangle + \beta\langle B \rangle)$．これを代入すれば (3.49)′が得られる．$\|\varphi\| = 1$ のもとで (3.50)′と (3.47) が同値であることの証明は，簡単な計算だから読者に任せる．■

注意 3.9 $\|\varphi\| = 1$ とは仮定しないで，定理の主張を書いておく方が便利なことも多い．そのときには，期待値 $\langle A \rangle$ の代わりに変分法などでお馴染みの **Rayleigh 商**
$$R(A, \varphi) = \frac{(A\varphi, \varphi)}{\|\varphi\|^2}$$
を用いる．そして，仮の記号であるが $\widetilde{\Delta}A$ を (3.44) にならって
$$(\widetilde{\Delta}A)^2 = R\left(\left(A - R(A, \varphi)\right)^2, \varphi\right)$$
と定義する．このとき，不確定性関係 (3.45) は
$$\widetilde{\Delta}A \cdot \widetilde{\Delta}B \geqq \frac{\left|([A, B]\varphi, \varphi)\right|}{2\|\varphi\|^2} \quad (3.52)$$
となり，等号条件のうち (3.47) は
$$R(AB + BA, \varphi) = 2R(A, \varphi)R(B, \varphi) \quad (3.53)$$
となる．これらを確かめるには，(3.43) の記号を用いて $R(A, \varphi) = \langle A \rangle_{\varphi/\|\varphi\|}$, $\widetilde{\Delta}A = \langle \Delta A \rangle_{\varphi/\|\varphi\|}$ であることに注意して定理 3.8 を書き換えればよい．

(c) 不確定性原理と交換関係，位置と運動量

簡単のため 1 次元空間での運動を考える．したがって，この項では $\varphi \in \mathcal{S} = \mathcal{S}(\mathbf{R}^1)$ である．慣例に従って，粒子の運動量，位置を表す作用素を P, Q で表す．すなわち
$$P = -i\hbar\frac{d}{dx}, \quad Q = x \cdot \quad (3.54)$$

であり,詳しく書けば $P\varphi(x) = -i\hbar\varphi'(x)$, $Q\varphi(x) = x\varphi(x)$ である.
$$(PQ\varphi)(x) = -i\hbar(x\varphi)'(x) = -i\hbar x\varphi'(x) - i\hbar\varphi(x)$$
だから,P, Q は $\mathcal{S}$ 上で交換関係
$$[P, Q] = PQ - QP = -i\hbar I \tag{3.55}$$
を満たす.

定理 3.9 正規化された $\varphi \in \mathcal{S}(\mathbf{R}^1)$ に対して,不確定性関係
$$\varDelta Q \cdot \varDelta P \geqq \frac{\hbar}{2}$$
が成り立つ.等号条件は
$$\varphi(x) = ae^{-bx^2/2 + cx}, \quad b > 0, \quad c \in \mathbf{C}, \quad |a| = (b/\pi)^{1/4} e^{-(\mathrm{Re}\, c)^2/2b}.$$

[証明] P, Q に定理 3.8 を適用する.不確定性関係は,(3.45) と (3.55) から明らかだから,等号条件だけを考える.証明は原理的には簡単なので計算の概略のみを示す.(3.46) の線形従属の条件で,もし $P\varphi$ の係数が 0 であると $\varphi \equiv 0$ となってしまうから,それは 0 ではない.したがって,線形従属の条件は φ に対する 1 階線形微分方程式 $\varphi' = (-bx + c)\varphi$ の形に書け,したがってその解は
$$\varphi(x) = ae^{-bx^2/2 + cx}$$
である.ただし,この段階では a, b, c は複素数である.計算の便宜上 $b = \beta + i\beta'$,$c = \gamma + i\gamma'$ とおく.$\varphi \in \mathcal{S}$ でなければならないことから $\beta > 0$ がでる.

また,P, Q に対する (3.47) を考えるとき,P の中の係数 $-i\hbar$ はどうでもよいから,$A = d/dx$,$B = x\cdot$ として (3.47) が成り立つための条件を調べる.計算のもとになるのは次の諸関係である.
$$|\varphi|^2 = |a|^2 e^{-\beta x^2 + 2\gamma x} = |a|^2 e^{-\beta(x - \gamma/\beta)^2 + \gamma^2/\beta}, \tag{3.56}$$
$$A\varphi = -bB\varphi + c\varphi, \tag{3.57}$$
$$AB + BA = 2BA + 1. \tag{3.58}$$
(3.56) と正規化条件から $|a| = (\beta/\pi)^{1/4} e^{-\gamma^2/2\beta}$ が,(3.57), (3.58) から $\langle A \rangle = -b\langle B \rangle + c$,$\langle AB + BA \rangle = -2b\langle B^2 \rangle + 2c\langle B \rangle + 1$ がでるが,簡単な計算で
$$\langle B \rangle = \int_{-\infty}^{\infty} x|\varphi(x)|^2 dx = \frac{\gamma}{\beta},$$
$$\langle B^2 \rangle = \int_{-\infty}^{\infty} x^2|\varphi(x)|^2 dx = \frac{1}{\beta}\left(\frac{1}{2} + \frac{\gamma^2}{\beta}\right)$$

となる．この結果を代入して計算すれば

$$\langle A \rangle = -\frac{b\gamma}{\beta} + c = \frac{\operatorname{Im}(\bar{b}c)}{\beta}\mathrm{i}, \quad \langle B \rangle = \frac{\gamma}{\beta} \tag{3.59}$$

$$\langle AB + BA \rangle = \frac{-\beta\beta' + 2\gamma \operatorname{Im}(\bar{b}c)}{\beta^2}\mathrm{i}. \tag{3.60}$$

(3.59), (3.60) より $\langle AB + BA \rangle - 2\langle A\rangle\langle B\rangle = -\beta'\mathrm{i}/\beta$ が得られるので，等号条件のうち (3.47) は $\beta' = 0$ と同値である．以上で定理 3.9 の証明を終わる．■

問 3.5 上の証明の中の計算結果を確かめよ．(ヒント：$\langle B\rangle$, $\langle B^2\rangle$ の計算は，$(|\varphi^2|)'$, $(|\varphi^2|)''$ を $|\varphi|^2$ を含む式で表すとはやくできる．)

例 3.1 Gauss 型の初期関数 $\varphi_0(x) = \mathrm{e}^{-x^2/2\delta^2}$ から出発して Schrödinger 方程式を解き，各 t において解 $\psi(x, t)$ で表される状態における ΔP, ΔQ を $(\Delta P)_t$, $(\Delta Q)_t$ と書こう．§3.2 (a) の最初で述べたように，$(\Delta P)_t$ は t によらない定数である．一方，(3.13) または (3.21) を使って計算すると

$$\psi(x,t) = a(t)\mathrm{e}^{-b(t)x^2}, \quad b(t) = \frac{m}{2(m\delta^2 + \mathrm{i}\hbar t)}$$

となることが分かる．この波束は時間がたつにしたがって広がっていく波束であり，$(\Delta Q)_t$ は増大していくであろう．$t = 0$ では $\Delta Q \cdot \Delta P$ を最小にする形の波束であるが，$t \neq 0$ のときには，$\mathrm{e}^{-b(t)x^2}$ の $b(t)$ に虚部が現れ，もはや $\Delta Q \cdot \Delta P$ を最小にする波束ではなくなるのである．□

§3.4 自由粒子の運動再説

(a) 伸張作用素

(3.25) で定義した $D(t)$ は伸張作用素と呼ばれるものの変形である．3 次元空間で考え，σ を実変数として

$$\Gamma(\sigma)\varphi(x) = \mathrm{e}^{3\sigma/2}\varphi(\mathrm{e}^\sigma x)$$

で定義される作用素を**伸張作用素** (dilation operator) という．$t > 0$ のときには，$D(t)$ または注意 3.7 の $\widetilde{D}(t)$ は Γ を用いて次のように書ける．

$$D(t) = \mathrm{i}^{-3/2}\Gamma(\log(m/t)), \quad \widetilde{D}(t) = \mathrm{i}^{-3/2}\Gamma(-\log t), \quad t > 0.$$

問 3.6 $\Gamma(\sigma)$ はユニタリ作用素であり,群の性質 $\Gamma(\sigma+\tau)=\Gamma(\sigma)\Gamma(\tau)$ を満たすことを確かめよ.

問 3.7 次の諸関係を確かめよ. (i) $\mathcal{F}_\hbar = \Gamma(-\log\hbar)\mathcal{F}$; (ii) $\Gamma(\sigma)\mathcal{F} = \mathcal{F}\Gamma(-\sigma)$; (iii) $\Gamma(\sigma)\mathcal{F}_\hbar = \mathcal{F}_\hbar\Gamma(-\sigma)$.

伸張作用素とそれの作る群の生成作用素 (演習問題 3.4 参照) は,最近の Schrödinger 作用素の数理的理論で大きな役割を担っているが,本書ではそれらに言及する機会はないであろう.

(b) 発展作用素再訪

この項では,簡単のため $m=1/2$, $\hbar=1$ として方程式の係数を正規化し,$i\partial_t\psi = -\triangle\psi$ を取り扱う. (以後,$\partial/\partial t$ を ∂_t と略記する.)

注意 3.10 方程式の係数の正規化には $m=1$ とする別の流儀がある.方程式は $i\partial_t\psi = -(1/2)\triangle\psi$ となる.

自由粒子の発展作用素 $U(t)$ は (3.26) のように表せた.ここで,ちょうどよい練習なので,一つの別証明をやってみよう[*4].$m=1/2$, $\hbar=1$ としたから,$A(t)\varphi(x) = e^{ix^2/4t}\varphi(x)$, $D(t)\varphi(x) = (2it)^{-3/2}\varphi(x/2t)$, $\mathcal{F}_\hbar = \mathcal{F}$ であり,

$$U(t) = A(t)D(t)\mathcal{F}A(t) \tag{3.61}$$

を証明するのが目標である.以下,φ は x のみの関数,ψ は x と t の関数とする.

証明は独立な三つの段階から成る.詳細は演習問題で検討する.第1には次の関係を示す.これは簡単である.

$$\left(i\partial_t + \frac{1}{4t^2}\triangle\right)\mathcal{F}A(t)\varphi = 0. \tag{3.62}$$

問 3.8 (3.62) を確かめよ.

第2に示すのは次の関係である.

$$(i\partial_t + \triangle)A(t)D(t)\psi = A(t)D(t)(i\partial_t + (1/4t^2)\triangle)\psi. \tag{3.63}$$

これは,演習問題 3.5 で確かめる.

[*4] A. Jensen, Scattering theory for Stark Hamiltonians, Spectral and inverse spectral theory (Bangalore, 1993), Proc. Indian Acad. Sci. Math. Sci. 104 **(1994)**, 599-651 に示唆をうけている.

(3.62) と (3.63) を組み合わせれば，(3.61) の $U(t)$ が Schrödinger 方程式 $(i\partial_t + \triangle)U(t)\varphi_0 = 0$ を満たすことが分かる．後は初期条件が満たされること，すなわち

$$\lim_{t \to 0} A(t)D(t)\mathcal{F}A(t)\varphi_0 = \varphi_0$$

が成り立つことを見ればよい．これを作用素の形のままでやるのは無理のようで，$A(t)D(t)\mathcal{F}A(t)\varphi_0$ を書き下せば (3.21) の形になることを利用する．簡単のため $t > 0$ とし，(3.21) で $m = 1/2, \hbar = 1$ とし，$(x-y)/(2\sqrt{t}) = z$ と変数変換して，z を改めて y と書けば

$$\left(\frac{1}{\pi i}\right)^{3/2} \int_{\mathbf{R}^3} e^{iy^2} \varphi_0(x - 2\sqrt{t}y) dy \to \varphi_0(x)$$

が示すべきことである．この関係を，簡単のため x は 1 次元として，演習問題 3.6 で検討する．収束は一様収束である．これで初期条件も満たされることが分かり，(3.61) の $U(t)$ が自由粒子の発展作用素であることが示される．

(c) 漸近速度の作用素

定理 3.6 で次のことを示した．初期波束 φ_0 の運動量が K 内にあるとすれば，$U(t)\varphi_0$ は x 空間で漸近的に $K(t) = (t/m)K$ 内にある．これを逆に見ると次のことが予想される．運動量分布に何の制限も付けない φ_0 から出発する．まず，時間を t 進めて t における波束 $U(t)\varphi_0$ を作る．そして，その波束から x 空間で $K(t)$ 上にある部分を取り出す．それを $F(t)U(t)\varphi_0$ としよう．今度は時間を t だけ引き戻して $U(-t)F(t)U(t)\varphi_0 \equiv \varphi_1$ を作る．$t > 0$ が非常に大きければ，φ_1 は，φ_0 から，運動量が K 内にある成分を取り出したものに近いであろう．この考えは次のように定式化される．

定理 3.10 $f \in \mathcal{S}$ とし，x 空間で $f(mx/t)$ を掛ける作用素，および ξ 空間で $f(\xi)$ を掛ける作用素を，それぞれ同じ記号で表す．そのとき，

$$\lim_{t \to \infty} U(-t)f\left(\frac{mx}{t}\right)U(t) = \mathcal{F}_\hbar^* f(\xi)\mathcal{F}_\hbar \tag{3.64}$$

が成り立つ． □

注意 3.11 (3.64) は L^2 における強収束の意味で成り立つのであるが，この定理

では収束の仕方については，こだわらず形式的に計算するにとどめる．

以下，証明の概略を述べる．ここでも，$m = 1/2$, $\hbar = 1$ とする．すると，$U(t)$ は (3.61) のように表される．ここで，$\lim_{t\to\pm\infty} A(t) = I$ である．ただし，I は恒等作用素で，収束は L^2 における強収束または各 $\varphi \in \mathcal{S}$ に作用させたとき一様収束である．したがって，(3.64) をみるには $D(-t)\mathcal{F}f(x/2t)D(t)\mathcal{F}$ を調べればよい．（ここで，$A(-t)f(x/2t)A(t) = f(x/2t)$ を用いた．）ところが

$$D(-t)\mathcal{F}f\left(\frac{x}{2t}\right)D(t)\mathcal{F}\varphi = \mathcal{F}^*f(\xi)\mathcal{F}\varphi, \quad \forall \varphi \in \mathcal{S} \qquad (3.65)$$

が成り立つ．これは，演習問題 3.7 で証明していただく．それを認めれば (3.64) が示されたことになる．

注意 3.12　定理 3.10 では自由粒子を扱ったが，$U(t)$ がより一般的な系の発展作用素であるときには，(3.64) は次の形をとる．ただし，左辺で運動量に対応する量 mx/t を速度に対応する量 x/t に変える．

$$\lim_{t\to\infty} U(-t)f\left(\frac{x}{t}\right)U(t) = f(P_+).$$

P_+ が存在するとき，それは漸近速度の作用素と呼ばれていて，多体問題のスペクトル散乱理論に関する最近の研究で導入されたもののようである．

演習問題

3.1　$a > 0, \varphi \in \mathcal{S}(\mathbf{R}^3)$ とすれば

$$\lim_{\varepsilon\to 0}\int_{\mathbf{R}^3} e^{-a(x-y)^2/(\varepsilon+it)}\varphi(y)dy = \int_{\mathbf{R}^3} e^{-a(x-y)^2/it}\varphi(y)dy$$

が成り立つことを示せ．[ヒント：任意の $\eta > 0$ に対して，$R > 0$ を十分に大きくとって，$\int_{|x|>R}|\varphi(y)|dy < \eta/2$ となるようにし，$|x| \leq R$ では $e^{a(x-y)^2/(\varepsilon+it)}$ は $e^{a(x-y)^2/it}$ に一様収束することを利用する．または Lebesgue の収束定理．]

3.2　上の問題と同じ方法で次の一般的な主張を証明せよ．$\mathbf{R}^3$ 上の連続関数 $h_n(x)$, $h(x)$ は次の条件を満たすとする．

(ⅰ)　h_n は一様有界，すなわち $|h_n(x)| \leq M$（M は n によらないある定数）；

(ⅱ)　$\lim_{n\to\infty} h_n(x) = h(x)$ で収束は $\mathbf{R}^3$ の任意の有界集合上で一様．

そのとき，任意の $\varphi \in \mathcal{S}$ に対して

$$\lim_{n\to\infty} \int_{\mathbf{R}^3} h_n(x)\varphi(x)\mathrm{d}x = \int_{\mathbf{R}^3} h(x)\varphi(x)\mathrm{d}x.$$

関数列 h_n の代わりに関数族 h_ε をとっても同様．

3.3 (3.40), (3.41) の Δx_i, $\Delta \xi_i$ は，$(\Delta x_i)^2 = \delta^2/2$, $(\Delta \xi_i)^2 = \hbar^2/(2\delta^2)$ と計算され，したがって (3.42) が成り立つことを直接計算で検証せよ．[ヒント：φ_δ は 1 変数関数の積だから，x を 1 次元変数として計算し (ただし φ_δ の係数は $\pi^{-1/4}\delta^{-1/2}$ となる)，そのとき $(\Delta x)^2 = \delta^2/2$, $(\Delta \xi)^2 = \hbar^2/(2\delta^2)$ となることを見ればよい．]

3.4 $\left.\dfrac{\mathrm{d}}{\mathrm{d}\sigma}\Gamma(\sigma)\varphi\right|_{\sigma=0} = (1/2)((\nabla \cdot x)\varphi + x \cdot \nabla\varphi)$ が成り立つことを示せ．(形式的な計算で確かめるだけでよい．)

3.5

(i) $(\mathrm{i}\partial_t + \triangle)(\mathrm{e}^{\mathrm{i}x^2/4t}\varphi)$ を計算せよ．$(\varphi = \varphi(x))$

(ii) (3.63) を確かめよ．$(\psi = \psi(x,t))$

3.6 $\varphi \in \mathcal{S}(\mathbf{R}^1)$ として次の式 (3.66) を (i)–(iv) の順で示そう．

$$\left(\frac{1}{\pi \mathrm{i}}\right)^{1/2} \int_0^\infty \mathrm{e}^{\mathrm{i}y^2} \varphi(x - 2\sqrt{t}y)\mathrm{d}y \to \frac{1}{2}\varphi(x) \quad (t \to 0, \text{ 一様収束}). \tag{3.66}$$

$\|f\|_1 = \displaystyle\int_0^\infty |f(y)|\mathrm{d}y$, $\|f\|_\infty = \displaystyle\sup_{0 \leq y < \infty} |f(x)|$ を用いる．また，$R > 0$ として

$$A(R) = \int_0^R \mathrm{e}^{\mathrm{i}y^2}\varphi(x - 2\sqrt{t}y)\mathrm{d}y, \quad B(R) = \int_R^\infty \mathrm{e}^{\mathrm{i}y^2}\varphi(x - 2\sqrt{t}y)\mathrm{d}y$$

$$A(R) = \int_0^R \mathrm{e}^{\mathrm{i}y^2}\varphi(x)\mathrm{d}y + \int_0^R \mathrm{e}^{\mathrm{i}y^2}\{\varphi(x - 2\sqrt{t}y) - \varphi(x)\}\mathrm{d}y$$

$$\equiv C(R) + D(R)$$

とおく．

(i) 次の評価が成り立つことを示せ．

$$|B(R)| \leq R^{-1}\|\varphi\|_\infty + (2R)^{-1/2}t^{1/4}\|\varphi'\|_2.$$

[ヒント：$\mathrm{e}^{\mathrm{i}y^2} = (2\mathrm{i}y)^{-1}\dfrac{\mathrm{d}}{\mathrm{d}y}\mathrm{e}^{\mathrm{i}y^2}$ と変形して部分積分．]

(ii) $\displaystyle\lim_{R\to\infty} C(R)$ を求めよ．[ヒント：広義積分 $\displaystyle\int_0^\infty \cos(x^2)\mathrm{d}x = \int_0^\infty \sin(x^2)\mathrm{d}x$ (Fresnel の積分) は複素積分を使って計算できる．]

(iii) $|D(R)| \leq t^{1/2}R^2\|\varphi'\|_\infty$ を示せ．

(iv) (3.66) を証明せよ．

3.7 (3.65) を証明せよ．

第4章

調和振動子

この章では1次元調和振動子の固有値問題を解析し,離散固有値(エネルギー・レベル)がでてくる様子を説明する.説明の方法は,P と Q の交換関係から出発して,生成・消滅演算子を用いて固有関数を構成していくという代数的な方法をとる.この方法は,多くの量子力学の教科書に書かれている標準的なものであるが,それらの議論の細部は,数学的にはやや形式的なものであることが多い.ここでは内積空間(具体的には Schwartz 空間)の枠内ではあるが,数学的な枠組みをはっきりさせる形で議論を進めていく.

§4.1 問題の設定

(a) 1次元調和振動子の固有値問題

1次元調和振動子のポテンシャルは,パラメータ $\omega = (\kappa/m)^{1/2}$ を用いれば $V(x) = \dfrac{1}{2}m\omega^2 x^2$ である (例1.1).これに §1.2(f) の量子化の規則を適用すれば量子論的ハミルトニアンは

$$H = -\frac{\hbar^2}{2m}\frac{d^2}{dx^2} + \frac{1}{2}m\omega^2 x^2$$

であり,定常状態を求めるための Schrödinger 方程式 (1.7) は

$$-\frac{\hbar^2}{2m}\frac{d^2}{dx^2}\varphi(x) + \frac{1}{2}m\omega^2 x^2 \varphi(x) = E\varphi(x) \qquad (4.1)$$

となる.これは固有値問題と呼ばれる問題である.我々はすべてを $\mathcal{S} = \mathcal{S}(\mathbf{R}^1)$

の中で考えることとし，(4.1) が $\varphi \in \mathcal{S}$ かつ $\varphi \not\equiv 0$ であるような解を持つとき，E を**固有値**，解 φ を**固有関数**とよぶ．固有値問題 (4.1) の固有値，固有関数を求めるのが本章の主題である．

途中の式を簡単にするため，§1.4 にしたがって方程式の係数を正規化しよう．$x = ay$ と変数変換し，§1.4 の記号を使って $\widetilde{V}(y)$ を求めると $\widetilde{V}(y) = \dfrac{m^2 \omega^2 a^4}{\hbar^2} y^2$ となる．y^2 の係数が 1 になるように a を決めると $a = (\hbar/m\omega)^{1/2}$，したがって E と $\widetilde{E}$ の関係は

$$E = \frac{\hbar \omega}{2} \widetilde{E} \tag{4.2}$$

となる．ここで y を改めて x と書き，〜もはずせば

$$H\varphi(x) \equiv -\frac{d^2}{dx^2}\varphi(x) + x^2 \varphi(x) = E\varphi(x) \tag{4.3}$$

がこれから解析する固有値問題である．

(3.54) の運動量作用素 P の係数を正規化して改めて

$$P = -i\frac{d}{dx}, \qquad Q = x \cdot \tag{4.4}$$

とおく．このとき交換関係は

$$[P, Q] = PQ - QP = -iI \tag{4.5}$$

となる．また，$P^2 = -\dfrac{d^2}{dx^2}$ だから，ハミルトニアン H は

$$H = -\frac{d^2}{dx^2} + x^2 = P^2 + Q^2 \tag{4.6}$$

と書くことができる．ここまでに出てきた作用素，P, Q, H は $\mathcal{S}$ 全体を $\mathcal{S}$ の中へ写す作用素になっていることに改めて注意しておく．

(b) 抽象的な設定

前項で述べた調和振動子の固有値問題は，次の (1)〜(4) のような一般的な設定のもとで解析することができる．

(1) $\mathcal{D}$ は内積空間 (§2.1 (a) 参照) である．

(2) P, Q は $\mathcal{D}$ 全体で定義された対称な線形作用素である．

(3) P, Q は交換関係 (4.5) を満たす．

(4)　$H = P^2 + Q^2$.

例 4.1 $\mathcal{D} = \mathcal{S}$ とし P, Q は (4.4) で与えられたものとすれば，(1)〜(3) が満たされる．この P, Q を **Schrödinger 対**という．このとき，(4) で決まる H は，1 次元調和振動子のハミルトニアンである． □

P, Q が対称なので H も対称である．実際，$(P^2 u, v) = (Pu, Pv) = (u, P^2 v)$ だから P^2 は対称，Q^2 も同様であり，また対称な作用素の和が対称であることは明らかであろう．

$(P^2 u, u) = \|Pu\|^2 \geqq 0$ で Q についても同様だから

$$(Hu, u) \geqq 0, \quad \forall u \in \mathcal{D} \tag{4.7}$$

が成り立つ．一般に H が (4.7) を満たすとき H は**正値**(**非負値**)であるといい，$H \geqq 0$ と書く．

後に示すように (系 4.1 参照) 交換関係 (4.5) を使えばより精密な関係

$$(Hu, u) \geqq (u, u) = \|u\|^2, \quad \forall u \in \mathcal{D} \tag{4.8}$$

が得られる．これを $H \geqq I$ または略して $H \geqq 1$ と書く．

一般に H を $\mathcal{D}$ における作用素，λ を複素数として方程式

$$Hu = \lambda u \tag{4.9}$$

を H に関する**固有方程式**という．(4.9) が $u \neq 0$ である解 $u \in \mathcal{D}$ を持つとき λ は H の**固有値**であるといい，$u \neq 0$ である (4.9) の解を固有値 λ に属する**固有ベクトル** ($\mathcal{D}$ が関数空間であるときは**固有関数**) という．

任意の複素数 λ に対して

$$\mathcal{M}_\lambda = \{ u \in \mathcal{D} \mid Hu = \lambda u \}$$

と定義すると $\mathcal{M}_\lambda$ は $\mathcal{D}$ の線形部分空間であり，λ が H の固有値であることは $\mathcal{M}_\lambda \neq \{0\}$ と同値である．λ が固有値であるとき，$\mathcal{M}_\lambda$ を固有値 λ に属する H の**固有空間**という．

本書では固有値問題は対称な H のみに対して考える．そのとき，次の命題が成り立つ．証明は線形代数における Hermite 行列の場合とまったく同様であるので省略する．

命題 4.1 H は $\mathcal{D}$ における対称な作用素とする．そのとき次が成り立つ．

(ⅰ) 固有値 λ は実数である．

(ⅱ) λ, μ が H の固有値で $\lambda \neq \mu$ ならば対応する固有空間は直交する，すなわ

ち任意の $u \in \mathcal{M}_\lambda$, $v \in \mathcal{M}_\mu$ に対して $(u,v) = 0$. ($\mathcal{M}_\lambda$ と $\mathcal{M}_\mu$ が直交することを記号では $\mathcal{M}_\lambda \perp \mathcal{M}_\mu$ と表す.)

(iii) (4.7) が成り立てば, 固有値 $\geqq 0$ であり, (4.8) が成り立てば, 固有値 $\geqq 1$ である. □

問 4.1 この命題を証明せよ.

§4.2 固有値問題の解析

(a) 昇降演算子

前節 (b) で (1)〜(4) のように設定した状況のもとで, H の固有値問題を解析する. 交換関係 (4.5) を使うと
$$H \mp I = P^2 + Q^2 \mp \mathrm{i}(PQ - QP) = (P \pm \mathrm{i}Q)(P \mp \mathrm{i}Q) \tag{4.10}$$
(複号同順) という関係が出てくる. そこで
$$A = P - \mathrm{i}Q, \qquad A^* = P + \mathrm{i}Q \tag{4.11}$$
とおく. A, A^* は共に $\mathcal{D}$ における作用素で, 互いに共役の関係にある. すなわち,
$$(Au, v) = (u, A^*v), \qquad \forall u, v \in \mathcal{D}.$$

命題 4.2 A, A^*, H の間に次の諸関係が成り立つ.
$$A^*A = H - I, \qquad AA^* = H + I, \tag{4.12}$$
$$H = A^*A + I, \qquad H = AA^* - I, \tag{4.13}$$
$$[H, A] = -2A, \qquad [H, A^*] = 2A^*, \qquad [A, A^*] = 2I. \tag{4.14}$$

[証明] (4.12) は, 定義 (4.11) を用いて (4.10) を書き直したもの, (4.13) はそれを移項したものに過ぎないが, 引用の便宜上書きだしたものである. (4.12) の左側の式に左から A を掛け, 右側の式に右から A を掛けて, 辺々引き算すれば $[H, A] = -2A$ がでる. $[H, A^*] = 2A^*$ も同様, または前の式の共役をとってもよい. (4.12) の両式の辺々引き算すれば $[A, A^*] = 2I$ が得られる. ∎

系 4.1 H に対して関係 (4.8) が成り立ち, したがって H の固有値は 1 より小さくない (命題 4.1 の (iii) 参照).

[証明] (4.13) により $(Hu, u) = (Au, Au) + (u, u) \geqq (u, u)$. ∎

次の (b) で見るように, H の固有値は $1, 3, 7, \cdots$ からなり, 対応する固有空間

の間を A^*, A で昇り降りすることができる．それゆえに A^*, A を**昇降演算子**と呼ぶ．

(b) H の固有値問題

この項では昇降演算子を使って H の固有値問題を解析する．初めに $\mathcal{M}_\lambda$ は λ に対応する固有空間 (ただし λ が固有値でないときには $\mathcal{M}_\lambda = \{0\}$) であることを思い出しておく．

命題 4.3

(i) 作用素 A^* は $\mathcal{M}_\lambda$ を $\mathcal{M}_{\lambda+2}$ の中に写し，$\lambda \neq -1$ のときには $\mathcal{M}_\lambda$ を $\mathcal{M}_{\lambda+2}$ 全体の上に 1 対 1 に写す．

(ii) 作用素 A は $\mathcal{M}_\mu$ を $\mathcal{M}_{\mu-2}$ の中に写し，$\mu \neq 1$ のときには $\mathcal{M}_\mu$ を $\mathcal{M}_{\mu-2}$ 全体の上に 1 対 1 に写す．

［証明］ (4.14), (4.12) から次の 4 式が得られる．ただし，u は各式に示されている空間に属しているものとする．

$$HA^*u = A^*Hu + 2A^*u = (\lambda+2)A^*u, \quad u \in \mathcal{M}_\lambda, \qquad (4.15)$$

$$HAu = AHu - 2Au = (\mu-2)Au, \qquad u \in \mathcal{M}_\mu, \qquad (4.16)$$

$$AA^*u = Hu + u = (\lambda+1)u, \qquad u \in \mathcal{M}_\lambda, \qquad (4.17)$$

$$A^*Au = Hu - u = (\mu-1)u, \qquad u \in \mathcal{M}_\mu. \qquad (4.18)$$

(4.15) から $A^*\mathcal{M}_\lambda \subset \mathcal{M}_{\lambda+2}$ が，(4.16) から $A\mathcal{M}_\mu \subset \mathcal{M}_{\mu-2}$ がでる．また 1 対 1 に関する主張は (4.17), (4.18) からすぐに分かる．次に A^* が上への写像であることを見るために，任意の $u \in \mathcal{M}_{\lambda+2}$ をとる．(4.18) で $\mu = \lambda+2$ とした式から $A^*Au = (\lambda+1)u$．ここで $Au \in \mathcal{M}_\lambda$ だから，$\lambda \neq -1$ ならば u は $\mathcal{M}_\lambda$ の A^* による像に属する．A による写像については，(4.17) を用いて同様にする． ∎

問 4.2 A^* は実は $\mathcal{D}$ 全体で 1 対 1 である．これを示せ．

以上，固有空間の間の関係を調べた．次の命題は固有空間の種を与えるものである．

$$\mathcal{N} = \mathcal{N}_A = \{u \in \mathcal{D} \mid Au = 0\} \qquad (4.19)$$

とおく．

命題 4.4 $\mathcal{M}_1 = \mathcal{N}$, すなわち H の固有値 1 に対応する固有空間は A の固有値 0 に対応する固有空間 (零空間) に等しい. 特に, 1 が H の固有値である必要十分条件は, $\mathcal{N} \neq \{0\}$ である.

[証明] $u \in \mathcal{M}_1$ ならば $Au \in \mathcal{M}_{-1}$ であるが (命題 4.3), H の固有値は 1 より小さくないから $Au = 0$. 逆に, $Au = 0$ なら (4.12) により $Hu = u$. ∎

定理 4.1 $\mathcal{N}$ は (4.19) の通りとし, $\mathcal{N} \neq \{0\}$ と仮定する. そのとき,

(i) $\lambda_n = 2n+1, n = 0, 1 \cdots$ は H の固有値であり,
$$\mathcal{M}_1 = \mathcal{N}, \qquad \mathcal{M}_{2n+1} = (A^*)^n \mathcal{M}_1. \tag{4.20}$$

(ii) H はこれ以外に固有値を持たない.

(iii) 作用素 $\dfrac{1}{\sqrt{2n+2}} A^*$ (を $\mathcal{M}_{2n+1}$ 上に制限したもの) は $\mathcal{M}_{2n+1}$ から $\mathcal{M}_{2n+3}$ の上へのユニタリ作用素であり, その逆作用素は, $\dfrac{1}{\sqrt{2n+2}} A$ (を $\mathcal{M}_{2n+3}$ 上に制限したもの) である. 特に, $\mathcal{M}_{2n+1}, n = 0, 1, \cdots$ の次元はすべて等しい.

$\mathcal{N} = \{0\}$ のときには, H は固有値をもたない.

[証明] (i) の証明は命題 4.3, 命題 4.4 ですんでいる. (ii) の証明. λ を H の固有値とする. 命題 4.3 の (ii) によれば, $\lambda - 2k, k = 1, 2, \cdots$ はどこかで $\lambda - 2(k-1) = 1$ にならない限りすべての k に対して H の固有値である. 一方, H の固有値は 1 より小さくなれないから, ある k に対して $\lambda - 2(k-1) = 1$ でなければならない. ゆえに, $\lambda = 2k-1 = \lambda_{k-1}$. (iii) を示すため,

$$B_n = \frac{1}{\sqrt{2n+2}} A^* = \frac{1}{\sqrt{\lambda_n+1}} A^*, \quad C_n = \frac{1}{\sqrt{2n+2}} A = \frac{1}{\sqrt{\lambda_n+1}} A$$

とおく. $u \in \mathcal{M}_{2n+1}$ とすると, (4.17) を使って

$$\|B_n u\|^2 = \frac{1}{\lambda_n+1}(AA^*u, u) = \frac{1}{\lambda_n+1}(Hu+u, u) = \|u\|^2,$$

$$C_n B_n u = \frac{1}{\lambda_n+1} AA^* u = u$$

が得られる. ゆえに B_n は $\mathcal{M}_{2n+1}$ 上で等長 ($\|B_n u\| = \|u\|, u \in \mathcal{M}_{2n+1}$) であり, また $\mathcal{M}_{2n+1}$ と $\mathcal{M}_{2n+3}$ の間の作用素として B_n と C_n は互いに逆である (B_n, C_n が全単射であることはすでに分かっていることに注意). C_n は等長作用素の逆作用素としてやはり等長である. 以上で (iii) が証明された.

定理の最後の主張の証明は，ここまでくれば明らか． ∎

§4.3　1次元調和振動子の固有値問題

(a)　固有値問題の解，Hermite 多項式

H を 1 次元調和振動子のハミルトニアン，P, Q を Schrödinger 対とする．繰り返せば，P, Q は (4.4) で与えられ，交換関係 (4.5) を満たし，H は (4.6) で与えられている．そこで，$\mathcal{D} = \mathcal{S}$ として §4.2 で展開した理論，特に定理 4.1 をこの P, Q, H に適用することができる．

昇降演算子は

$$Au(x) = -\mathrm{i}\left(\frac{\mathrm{d}}{\mathrm{d}x}u(x) + xu(x)\right),$$

$$A^*u(x) = -\mathrm{i}\left(\frac{\mathrm{d}}{\mathrm{d}x}u(x) - xu(x)\right)$$

である．したがって，$u \in \mathcal{N}$ は u が微分方程式

$$\frac{\mathrm{d}}{\mathrm{d}x}u(x) + xu(x) = 0 \tag{4.21}$$

を満たすことと同値である．この方程式の解は $u(x) = c\mathrm{e}^{-x^2/2}$ であるが，この関数は $\mathcal{S}(\mathbf{R}^1)$ に属している (例 2.3) から $\mathcal{N}$ は 1 次元空間である．ゆえに，定理 4.1 により，H の固有値は $\lambda_n = 2n+1$, $n = 0, 1, \cdots$ であり，各固有値に対応する固有空間の次元は 1 であることが分かった．

次に固有関数の具体形を (4.20) によって計算しよう．H の最低固有値 $\lambda_0 = 1$ に対応する固有空間は固有関数 $\phi_0 = \mathrm{e}^{-x^2/2}$ が生成する 1 次元空間である．したがって，(4.20) により固有値 $\lambda_n = 2n+1$ に対応する固有空間は $(A^*)^n\phi_0 = (P + \mathrm{i}Q)^n\phi_0$ が生成する 1 次元空間である．定数因子 i^n は落としても同じことだから

$$\phi_n = \left(-\frac{\mathrm{d}}{\mathrm{d}x} + x\right)^n \phi_0 \tag{4.22}$$

とおく．ϕ_n を求めるのに，次の簡単な補題を利用する．

補題 4.1　1 階微分可能な $F(x)$ に対して

$$\left[\frac{\mathrm{d}}{\mathrm{d}x}, \mathrm{e}^{F(x)}\cdot\right] = F'(x)\mathrm{e}^{F(x)}. \tag{4.23}$$

が成り立つ．詳しく書けば

$$\frac{\mathrm{d}}{\mathrm{d}x}\left(\mathrm{e}^{F(x)}u\right)(x) = \mathrm{e}^{F(x)}\left(\frac{\mathrm{d}}{\mathrm{d}x} + F'(x)\right)u(x). \tag{4.24}$$

[証明] 積の微分の公式により明らか．

さて，(4.22) により

$$\phi_n(x) = \left(-\frac{\mathrm{d}}{\mathrm{d}x} + x\right)\phi_{n-1}(x) \tag{4.25}$$

だから，$F(x) = -x^2/2$, $u = \phi_{n-1}$ として (4.24) を適用すれば

$$\mathrm{e}^{-x^2/2}\phi_n(x) = -\frac{\mathrm{d}}{\mathrm{d}x}\left(\mathrm{e}^{-x^2/2}\phi_{n-1}(x)\right) \tag{4.26}$$

が得られる．これを反復して

$$\mathrm{e}^{-x^2/2}\phi_n(x) = (-1)^n \frac{\mathrm{d}^n}{\mathrm{d}x^n}(\mathrm{e}^{-x^2/2}\phi_0(x)).$$

ここに $\phi_0(x) = \mathrm{e}^{-x^2/2}$ を代入したものを次の形に整理する．

$$\phi_n(x) = H_n(x)\mathrm{e}^{-x^2/2}, \tag{4.27}$$

$$H_n(x) = (-1)^n \mathrm{e}^{x^2}\frac{\mathrm{d}^n}{\mathrm{d}x^n}\mathrm{e}^{-x^2}. \tag{4.28}$$

$H_n(x)$ の定義式 (4.28) から，$H_n(x)$ は n 次の多項式で，n が偶数ならば偶数次の項のみからなり，n が奇数ならば奇数次の項のみからなることが分かる（次の問参照）．$H_n(x)$ は **Hermite の多項式** と呼ばれる．(Hermite 多項式の定義には $(-1)^n \mathrm{e}^{x^2/2}(\mathrm{d}^n/\mathrm{d}x^n)\mathrm{e}^{-x^2/2}$ とするなどの流儀もある．)

問 4.3 $u(x) = \mathrm{e}^{-x^2}$ の導関数 $u^{(k)}(x)$ を $u^{(k)}(x) = P_k(x)\mathrm{e}^{-x^2}$ と書くとき，$P_k(x)$ は k 次の多項式で，k が偶数ならば偶数次の項のみからなり，k が奇数ならば奇数次の項のみからなることを確認せよ．

以上で固有関数の形が決まった．次に正規化であるがそれはやさしい．$\|\phi_0\|^2 = \sqrt{\pi}$ であり，また定理 4.1 の (iii) によれば $\|\phi_n\|^2 = 2n\|\phi_{n-1}\|^2$ であるから，

§4.3 1次元調和振動子の固有値問題

$$\varphi_n(x) = \frac{1}{(2^n n!)^{1/2} \pi^{1/4}} \phi_n(x) = \frac{1}{(2^n n!)^{1/2} \pi^{1/4}} H_n(x) e^{-x^2/2} \tag{4.29}$$

とおけば，$\|\varphi_n\| = 1$ が成り立つ．

以上をまとめると，次の定理が得られる．

定理 4.2 1次元調和振動子のハミルトニアン $H = -\dfrac{d^2}{dx^2} + x^2$ を $\mathcal{S}(\mathbf{R}^1)$ での作用素とみるとき，その固有値は $\lambda_n = 2n + 1$, $n = 0, 1, \cdots$ であり，固有値 λ_n に対応する固有空間の次元は 1 で，(4.29) の φ_n が対応する固有関数である．φ_n は正規直交性の条件を満たす：

$$(\varphi_m, \varphi_n) = \delta_{mn} = \begin{cases} 1, & n = m, \\ 0, & n \neq m. \end{cases} \tag{4.30}$$
□

以上，係数を正規化した固有値問題の解が求められた．これをもとの固有値問題 (4.1) の解に直すのはたやすい．(4.1) の固有値 E_n は (4.2) で $\widetilde{E} = 2n + 1$ とすれば求められる．固有関数は正規化まで考慮に入れると $a^{-1/2} \varphi_n(x/a)$ となる．ちょっとまぎらわしいが，同じ記号 E_n, φ_n を使って結果を次の定理にまとめておく．

定理 4.3 固有値問題 (4.1) の固有値 E_n，正規化された固有関数 φ_n は次の通り．

$$E_n = \hbar\omega \left(n + \frac{1}{2}\right),$$

$$\varphi_n(x) = \frac{1}{(2^n n!)^{1/2} \pi^{1/4}} \left(\frac{m\omega}{\hbar}\right)^{1/4} H_n((m\omega/\hbar)^{1/2} x) e^{-m\omega x^2/2\hbar}.$$
□

注意 4.1 上の議論は舞台を $\mathcal{S}$ にとり §4.1(b) のように状況を設定した上では，スマートなものだが，状況の設定をどうするかまで含めて考えると決して完全なものではない．次の3点を注意しておく．

(i) 量子力学の波束は全確率有限の条件，数学的には L^2 に属する関数であるということで規定された．今までの議論で $\mathcal{S}$ の中では固有関数は完璧に求められたが，H が $L^2(\mathbf{R}^1)$ に属するが $\mathcal{S}(\mathbf{R}^1)$ には属さない固有関数を持たないか，という問には上の議論は答えていない．実は L^2 で考えても，これ以外の固有値は出てこないのであるが，それを数学的にきちんと証明する簡単な抜け道はないようである．§4.4(c) で，完全正規直交系について説明するが，固有関数系

$\{\varphi_n\}$ の完全性が証明できてはじめて,上で求めた以外の固有値,固有関数がないことが分かるのである.

(ii) 今までの議論は Schrödinger 対 P, Q が §4.2(b) で導入した状況設定を満たすことに基づいていたのであるが,$\mathcal{D} = \mathcal{S}(\mathbf{R}^1)$ の代わりに $\mathcal{D} = C_0^\infty(\mathbf{R}^1)$ としても §4.2(b) の仮定は満たされる ($C_0^\infty(\mathbf{R}^1)$ については,§2.3(b) 参照).しかし,その場合 (4.21) の解 $\mathrm{e}^{-x^2/2}$ は $C_0^\infty(\mathbf{R}^1)$ に属さないから,$\mathcal{N} = \{0\}$ となってしまい H の固有値は出てこない.$\mathcal{S}(\mathbf{R}^1)$ は H の固有関数をすべて含み,しかも P, Q の作用で閉じているという都合のよい空間であったのである.

(iii) 調和振動子の問題では $E_n \to \infty$ となる離散固有値の列が出てきた.一般に,(1.7) で V が $\lim_{|x|\to\infty} V(x) = \infty$ を満たすときには,やはり離散固有値が出てくるのではないかと期待される.それは事実である.しかし,一般の V に対しては,解を解析的に求めることはできないから,今までのような方法で証明することはできない.この問題は,関数解析的な方法の導入へのよい題材であり,本書のレベルでも 20 頁くらい使えば,何とか証明のエッセンスを伝えられるのではないかと思うが,残念ながら紙数の都合でそこまでは踏み込めない.

(b) Hermite 多項式の性質

ここまでの議論の応用として,Hermite 多項式に関してよく知られている公式を導いておく.これらの公式は,$H_n(x)$ の定義 (4.28) からも直接導ける (巻末の参考書 [8] §4.13 参照).

微分方程式,漸化式 ϕ_n の満たす基本的な関係として固有方程式 ((4.3) で φ を ϕ_n,E を $2n+1$ としたもの) および漸化式 (4.26) がある.これらに (4.27) を代入し,積の微分を実行すれば,次の 2 式が出てくる.ただし,(4.32) では n を一つずらす.

$$H_n''(x) - 2xH_n'(x) + 2nH_n(x) = 0, \tag{4.31}$$

$$H_n'(x) = -H_{n+1}(x) + 2xH_n(x). \tag{4.32}$$

次に (4.32) を微分した式と (4.31) から $H''(x)$ を消去して番号を一つずらせば

$$H_n'(x) = 2nH_{n-1}(x). \tag{4.33}$$

(4.32) と (4.33) から H_n' を消去すれば

$$H_{n+1}(x) - 2xH_n(x) + 2nH_{n-1}(x) = 0. \tag{4.34}$$

問 4.4 以上を確かめよ.

正規直交関係 (4.30) を $H_n(x)$ を用いて書けば次のようになる.

$$\int_{-\infty}^{\infty} H_m(x) H_n(x) \mathrm{e}^{-x^2} \mathrm{d}x = 2^n n! \sqrt{\pi} \delta_{mn}.$$

これは, 測度 $\mathrm{e}^{-x^2} \mathrm{d}x$ で決まる内積空間における直交性とみることができる.

ϕ_n の Fourier 変換 ここでは元来の Fourier 変換 $\mathcal{F}$ ($\mathcal{F}_\hbar$ で $\hbar = 1$ としたもの) を考える. まず, $\mathcal{F}\phi_0 = \phi_0$ である ((3.20) で $\hbar = 1$, $a = 1$ とおけ). 次に, ϕ_n の漸化式 (4.25) を考える. $-\mathrm{d}/\mathrm{d}x$ は Fourier 変換で $-\mathrm{i}\xi$ の掛け算に移る. 一方 x の掛け算は $\mathrm{i}\mathrm{d}/\mathrm{d}\xi$ に移る. したがって, (4.25) を Fourier 変換すれば漸化式

$$\mathcal{F}\phi_n(\xi) = -\mathrm{i}\left(-\frac{\mathrm{d}}{\mathrm{d}\xi} + \xi\right) \mathcal{F}\phi_{n-1}$$

が得られる. これは ϕ_n の漸化式 (4.25) と係数 $-\mathrm{i}$ が違うだけである. これと $\mathcal{F}\phi_0 = \phi_0$ から最終的に

$$\mathcal{F}\phi_n = (-\mathrm{i})^n \phi_n \tag{4.35}$$

であることが分かった. すなわち, Fourier 変換 $\mathcal{F}$ は $1, -\mathrm{i}, -1, \mathrm{i}$ を固有値とし, 固有関数は調和振動子の固有関数と一致している. これからの一つの帰結として, 調和振動子の固有状態では, 位置の確率分布と運動量の確率分布は同じ形をしていることが分かる.

§4.4 正規直交基底

$N \times N$ Hermite 対称行列 H を, N 次元ユニタリ空間 $\mathcal{V}$ における作用素とみるとき, $\mathcal{V}$ には H の固有ベクトルからなる正規直交基底が存在する. 無限次元の Hilbert 空間の場合には, 固有値に加えて連続スペクトルというものが現れる可能性があるので事はそう単純ではないが, 調和振動子の場合には固有ベクトルだけで $\mathcal{S}$ の基底が得られる. この節ではそれを説明する. §4.4 (a), §4.4 (b) では背景として理解しておくべき一般論を簡潔に述べる. もっと詳しく知りたい方は適当な参考書 (例えば拙著 [12] の第 3 章) を見ていただきたい. §4.4 (c) で Hermite 多項式系の完全性の説明をするが, 残念ながら証明を書く余裕はない.

(a) 正規直交系

内積空間 $\mathcal{D}$ のベクトルの集まり $\{e_n\}$ が条件
$$(e_m, e_n) = \delta_{mn}$$
を満たすとき $\{e_n\}$ は $\mathcal{D}$ の正規直交系であるという．添字 n の範囲は有限または可算集合であるとする．

例 4.2

(i) 前節で得た調和振動子の固有関数系 $\{\varphi_n\}$ は $\mathcal{S}(\mathbf{R}^1)$ における正規直交系である．

(ii) $(0, 2\pi)$ で定義された関数系
$$e_n(x) = \frac{1}{(2\pi)^{1/2}} e^{\mathrm{i}nx}, \qquad n = 0, \pm 1, \pm 2, \cdots$$
は正規直交系である．この場合 $\mathcal{D}$ は $(0, 2\pi)$ 上で定義された関数空間であるが，ここではあえて特定しない． □

以下，正規直交系の基本的な性質を列挙する．その際，定理等は典型的な場合である $n = 1, 2, \cdots$ の場合について書く．

命題 4.5 $\{e_n\}$ は正規直交系, c_n, d_n は複素数であるする．そのとき
$$\left(\sum_{n=1}^{N} c_n e_n, \sum_{m=1}^{N} d_m e_m \right) = \sum_{n=1}^{N} c_n \bar{d}_n. \tag{4.36}$$
□

系 4.2 $\sum\limits_{n=1}^{\infty} c_n e_n, \sum\limits_{n=1}^{\infty} d_n e_n$ がともに $\mathcal{D}$ で収束するならば
$$\left(\sum_{n=1}^{\infty} c_n e_n, \sum_{n=1}^{\infty} d_n e_n \right) = \sum_{n=1}^{\infty} c_n \bar{d}_n, \tag{4.37}$$
特に，
$$\left\| \sum_{n=1}^{\infty} c_n e_n \right\|^2 = \sum_{n=1}^{\infty} |c_n|^2. \tag{4.38}$$
ここで, (4.37), (4.38) の右辺の級数は絶対収束する． □

問 4.5 命題 4.5, 系 4.2 を証明せよ．

$\{e_n\}$ を $\mathcal{D}$ の正規直交系とし，任意の $u \in \mathcal{D}$ に対して $c_n = (u, e_n)$ とおくと，任意の N に対して

$$0 \leq \|u - \sum_{n=1}^{N} c_n e_n\|^2$$
$$= \|u\|^2 - 2\sum_{n=1}^{N} |c_n|^2 + \sum_{n=1}^{N} |c_n|^2 = \|u\|^2 - \sum_{n=1}^{N} |c_n|^2 \quad (4.39)$$

が成り立つ．これから次の二つの命題が得られる．

命題 4.6 $\{e_n\}$ が正規直交系ならば任意の $u \in \mathcal{D}$ に対して

$$\sum_{n=1}^{\infty} |(u, e_n)|^2 \leq \|u\|^2 \quad (4.40)$$

が成り立つ．((4.40) を **Bessel の不等式**という．) □

命題 4.7 $u \in \mathcal{D}$ が

$$u = \sum_{n=1}^{\infty} (u, e_n) e_n$$

と表されるための必要十分条件は

$$\|u\|^2 = \sum_{n=1}^{\infty} |(u, e_n)|^2$$

が成り立つことである． □

問 4.6 (4.39) から上の二つの命題を導け．

(b) 完全正規直交系

$\{e_n\}$ は $\mathcal{D}$ の正規直交系であるとする．$u \in \mathcal{D}$ が $u = \sum_{n=1}^{\infty} c_n e_n$ と級数の形に書けるならば $c_n = (u, e_n)$ でなければならない．実際，$N \geq n$ に対して $s_N = \sum_{j=1}^{N} c_j e_j$ とおくとき，$c_n = (s_N, e_n)$ かつ $s_N \to u$ だから $c_n = (u, e_n)$ である．

定義 4.1 $\{e_n\}$ は $\mathcal{D}$ の正規直交系であるとする．任意の $u \in \mathcal{D}$ が

$$u = \sum_{n=1}^{\infty} (u, e_n) e_n \quad (4.41)$$

と表されるとき，$\{e_n\}$ は $\mathcal{D}$ の**完全正規直交系**または**正規直交基底**であるという．$\{e_n\}$ は**完全**であるともいう． □

定理 4.4 内積空間 $\mathcal{D}$ における正規直交系 $\{e_n\}$ に対して次の条件 (i), (ii), (iii) は同値である．

（ⅰ）$\{e_n\}$ は完全正規直交系である．

(ii) 任意の $u \in \mathcal{D}$ に対して次の等式が成り立つ.
$$\|u\|^2 = \sum_{n=1}^{\infty} |(u, e_n)|^2 \tag{4.42}$$

(iii) 任意の $u \in \mathcal{D}, v \in \mathcal{D}$ に対して次の等式が成り立つ.
$$(u, v) = \sum_{n=1}^{\infty} (u, e_n)\overline{(v, e_n)}. \tag{4.43}$$

[証明] (i)⟺(ii) は命題 4.7 で証明ずみである. (i)⟹(iii) は系 4.2 による. (iii)⟹(ii) は (iii) で $u = v$ とすればよい. ∎

(4.42), (4.43) を **Parseval の等式**という.

定理 4.5 $\{e_n\}$ が内積空間 $\mathcal{D}$ の完全正規直交系ならば条件

(iv) $u \in \mathcal{D}$ がすべての e_n と直交すれば, $u = 0$ である.

が成り立つ. $\mathcal{D}$ が Hilbert 空間であるときには, 条件 (iv) が成り立てば $\{e_n\}$ は完全である.

[証明] (iv) が必要であることは (ii) から明らか. 次に $\mathcal{D}$ を Hilbert 空間とし任意の $u \in \mathcal{D}$ をとって, $u_N = \sum_{n=1}^{N} (u, e_n) e_n$ とおく. Bessel の不等式 (4.40) と (4.36) により u_N が $\mathcal{D}$ の Cauchy 列であることが分かる. $\mathcal{D}$ が Hilbert 空間すなわち完備だから, u_N は $\mathcal{D}$ の中である $v \in \mathcal{D}$ に収束する. すなわち, $u_N \to v = \sum_{n=1}^{\infty} (u, e_n) e_n$. このとき, $(u - v, e_n) = 0, \forall n$ であることが容易に示せるから, 条件 (iv) により $u = v$, すなわち, (4.41) が成り立つ. ∎

注意 4.2 $\mathcal{D}$ が完備でないとき, 条件 (iv) が成り立っても, $\{e_n\}$ が完全でないような実例は, 演習問題 4.5 で検討する. 読者は, (iv)⟹ 完全性 は証明するまでもない当然のことと思われるかも知れないが, 実はそこが大切なポイントである.

(c) 調和振動子の固有関数系の完全性

定理 4.6 (4.29) で与えられる 1 次元調和振動子の固有関数系 $\{\varphi_n\}_{n=0}^{\infty}$ は $\mathcal{S}(\mathbf{R}^1)$ の完全正規直交系である. □

定理 4.6 の証明は紙数の都合で省略し, 巻末の参考書から三つの証明法の紹介をするだけにとどめる.

(A) Hermite 関数系の完全性は, Laguerre 関数系の完全性に帰着される. 参考書 [9] では, 後者の完全性が母関数を使う方法で証明されている.

(B) 参考書 [11] では，Fourier 変換の応用として，Laguerre の関数系の完全性を，例 4.2 の (ii) で述べた指数関数系の完全性に帰着することによって証明している．

(C) 参考書 [13] には，Hermite 多項式の性質を駆使して，定理 4.4 の条件 (i) を直接証明してしまう独自の方法が載っている．この方法だと，$\mathcal{S}$ の中で証明が完結する．

ついでに，指数関数系の完全性の証明に言及しておく．それは，例えば Weierstrass の多項式近似定理[*1]を使えば簡単に分かる ([11] 参照)．そして Weierstrass の定理の初等的な証明は [7] の第 6 章, [8] §4.12 などにある．指数関数系の完全性は，Weierstrass の定理とほぼ同等であり，完全性を先に証明するとすれば，相加平均総和法 (Fejér の定理) による証明 ([7] の第 6 章), Abel 総和法による証明 ([12] の第 4 章) などがある．

§4.5 固有関数展開

(a) 固有関数展開と H の対角化

定理 4.6 で述べた φ_n の完全性を具体的に書くと次のようになる．

定理 4.7 $\{\varphi_n\}_{n=0}^{\infty}$ は (4.29) で与えられる 1 次元調和振動子の固有関数系であるとする．そのとき任意の $f(x) \in \mathcal{S}(\mathbf{R}^1)$ は

$$f(x) = \sum_{n=0}^{\infty} c_n \varphi_n(x), \qquad c_n = \int_{-\infty}^{\infty} f(x)\varphi_n(x)\mathrm{d}x \qquad (4.44)$$

と展開される．ここで右辺の和は L^2 の意味で収束する．詳しく書けば

$$\int_{-\infty}^{\infty} \left| f(x) - \sum_{n=0}^{N} c_n \varphi_n(x) \right|^2 \mathrm{d}x \to 0, \qquad N \to \infty. \qquad (4.45)$$
□

このような展開を調和振動子の固有関数による f の**固有関数展開**という．

調和振動子のハミルトニアン $H = -\dfrac{\mathrm{d}^2}{\mathrm{d}x^2} + x^2$ は $\mathcal{S}(\mathbf{R}^1)$ を $\mathcal{S}(\mathbf{R}^1)$ に写す．したがって，$f \in \mathcal{S}(\mathbf{R}^1)$ に対して Hf の固有関数展開を考えることができる．

定理 4.8 $f \in \mathcal{S}(\mathbf{R}^1)$ のとき，Hf に対する展開 (4.44) は次のようになる．

[*1] 閉区間上の連続関数に対して，それに一様収束する多項式の列が存在する．

$$Hf(x) = \sum_{n=0}^{\infty}(2n+1)c_n\varphi_n(x), \quad c_n = \int_{-\infty}^{\infty}f(x)\varphi_n(x)\mathrm{d}x \quad (4.46)$$

[証明] Hf の展開を $\sum_{n=0}^{\infty} d_n\varphi_n$ とすると

$$d_n = (Hf, \varphi_n) = -\int_{-\infty}^{\infty}\frac{\mathrm{d}^2}{\mathrm{d}x^2}f(x)\cdot\varphi_n(x)\mathrm{d}x + \int_{-\infty}^{\infty}x^2 f(x)\varphi_n(x)\mathrm{d}x$$

であるが,右辺第1項では2回の部分積分により $-\mathrm{d}^2/\mathrm{d}^2 x$ を φ_n の方に移せる (命題 2.4 参照). その上で φ_n が固有関数であることを用いれば $d_n = (f, H\varphi_n) = (f, (2n+1)\varphi_n) = (2n+1)c_n$ となる. ∎

定理 4.8 の意味は次の通り. (4.46) によれば,Hf の展開における φ_n の係数は,f の展開における φ_n の係数のちょうど $2n+1 = \lambda_n$ 倍になっている. いいかえれば正規直交基底 $\{\varphi_n\}$ を用いて H を行列表示すれば,それは λ_n を対角要素とする対角行列となる. すなわち,H に関する固有関数展開は H を対角化する.

f が正規化された波動関数であるとき,状態 f における H の期待値 $\langle H \rangle = (Hf, f)$ において,Hf, f を (4.46), (4.44) で展開して Parseval の等式 (4.43) を適用すれば

$$\langle H \rangle = (Hf, f) = \sum_{n=0}^{\infty}(2n+1)|c_n|^2 = \sum_{n=0}^{\infty}(2n+1)|(f,\varphi_n)|^2 \quad (4.47)$$

が得られる. $\|f\| = 1$ だから Parseval の等式 (4.42) により $\sum_{n=0}^{\infty}|c_n|^2 = 1$ である. 量子力学の仮定によれば,状態が波動関数 f で表されている調和振動子系のエネルギーを観測すると,系は観測の瞬間に固有状態のいずれかに移り,そのとき φ_n で表される固有状態に移る確率が $|c_n|^2$ である. したがってエネルギーの期待値は $\sum_{n=0}^{\infty}(2n+1)|c_n|^2$ となり,(4.47) と整合する.

注意 4.3 (4.44) では $f \in \mathcal{S}(\mathbf{R}^1)$ に対する固有関数展開が L^2 収束の意味で成立することを見た. 実は,L^2 収束の意味での展開は $\mathcal{S}$ よりも広く任意の $f \in L^2(\mathbf{R}^1)$ に対して成立する. そのためには,L^2 の中での稠密性の議論だけをやればよい. しかし,Hf の展開 (4.46) は任意の $f \in L^2$ に拡張することはできない. それは,f の展開係数を c_n とすると,$\sum|c_n|^2 < \infty$ であるが,必ずしも $\sum(2n+1)|c_n|^2 < \infty$ とはならないからである. どのような f に対して展開 (4.46) が成り立つかという問題は,作用素 H の定義域の問題と絡んでくる. 上の第2の和が有限であるような f の全体が H の定義域になるのであるが,その定義域を x 空間で決定するのはやさし

くない.

この項の最後に,定理 4.8 から,$|c_n|$ が急減少する数列であることが出ることに注意しておく.すなわち,m を任意の正の整数とし,定理 4.8 を繰り返し使って得られる $H^m f = \sum_{n=0}^{\infty} (2n+1)^m c_n \varphi_n$ に Parseval の等式を適用することにより次の評価が得られる.

$$|c_n| = |(f, \varphi_n)| \leqq \frac{1}{(2n+1)^m} \|H^m f\|. \tag{4.48}$$

(b) 固有関数展開の一様収束

今まで固有関数展開は L^2 収束で考えてきたが,$f \in \mathcal{S}$ の場合には,展開 (4.44) の L^2 収束 (すなわち (4.45)) から $\mathbf{R}^1$ 上での一様収束 (すなわち次の (4.49)) を導くことができる.それを見てみよう.

定理 4.9 任意の $f \in \mathcal{S}(\mathbf{R}^1)$ に対して展開 (4.44) は一様収束する.すなわち,(4.45) に加えて次が成り立つ.

$$\sup_{x \in \mathbf{R}^1} \left| f(x) - \sum_{n=0}^{N} c_n \varphi(x) \right| \to 0, \qquad N \to \infty. \tag{4.49}$$
□

証明のために Hermite 多項式に対する命題を一つ用意する.

命題 4.8 固有関数 $\varphi_n(x)$ に対して次の各点評価が成り立つ[*2].

$$|\varphi_n(x)| \leqq (2(n+1))^{1/4}. \tag{4.50}$$

[証明] $\varphi_n(x)$ は (4.29) によって $\phi_n(x)$ を正規化したものである.$\phi_n'(x)$ に対して次の関係が成り立つ (演習問題 4.3).

$$\phi_n'(x) = n\phi_{n-1}(x) - \frac{1}{2}\phi_{n+1}(x). \tag{4.51}$$

(4.29) によって φ_n に戻れば

$$\varphi_n'(x) = \sqrt{\frac{n}{2}} \varphi_{n-1}(x) - \sqrt{\frac{n+1}{2}} \varphi_{n+1}(x). \tag{4.52}$$

また,$|\varphi_n|$ は偶関数だから $\|\varphi_n\|_*^2 \equiv \int_{-\infty}^{0} |\varphi_n(x)|^2 dx = 1/2$.(4.52) より

[*2] この評価は参考書 [13] で得られている (同書 55 頁 (6.25)).

$$\varphi_n(x)^2 = 2\int_{-\infty}^{x} \varphi_n(t)\varphi_n'(t)\mathrm{d}t$$
$$= \sqrt{2n}\int_{-\infty}^{x}\varphi_{n-1}(t)\varphi_n(t)\mathrm{d}t - \sqrt{2(n+1)}\int_{-\infty}^{x}\varphi_{n+1}(t)\varphi_n(t)\mathrm{d}t$$

が得られるが，$x < 0$ として右辺の各積分の絶対値を Schwarz の不等式を使って評価すればそれらはそれぞれ $\|\varphi_{n-1}\|_*\|\varphi_n\|_* = 1/2$ および $\|\varphi_{n+1}\|_*\|\varphi_n\|_* = 1/2$ で押さえられるから，(4.50) が得られる．$x > 0$ の場合も同様．■

[定理 4.9 の証明] まず，(4.44) の第 1 式の右辺の級数が一様収束することを示す．この級数の各項の絶対値は，(4.48) と (4.50) により

$$|c_n\varphi_n(x)| \leqq \frac{(2(n+1))^{1/4}}{(2n+1)^m}\|H^m f\| \tag{4.53}$$

と評価される．ここで，$m \geqq 2$ であれば右辺の和は収束する．ゆえに，(4.44) の右辺の級数は一様に絶対収束する．一方，(4.44) の第 1 式の右辺は連続関数 $f(x)$ に L^2 収束していた．このとき，一様収束と L^2 収束の極限は一致しなければならないことは容易に確かめられるから，(4.49) が成り立つ．■

注意 4.4 (4.53) のように，関数項級数 $\sum\limits_{n=0}^{\infty}f_n(x)$ において，x に関係しない γ_n によって評価 $|f_n(x)| \leqq \gamma_n$ が成り立つとき，$\{\gamma_n\}$ は $\{f_n(x)\}$ の優級数であるという．このとき，もし $M \equiv \sum\limits_{n=0}^{\infty}\gamma_n < \infty$ ならば，級数 $F(x) \equiv \sum\limits_{n=0}^{\infty}f_n(x)$ は一様収束する (Weierstrass の判定法)．このとき，もちろん $|F(x)| \leqq M$ である．

(c) Schrödinger 方程式の解

(4.46) で見たように，H に関する固有関数展開は H を対角化する．H が対角化されれば，H^m も対角化される．$H^m f$ を表すには，(4.46) の第 1 式の右辺で，$(2n+1)$ を $(2n+1)^m$ に置き換えればよい．もっと一般に $\Phi(\lambda)$ を 1 変数の関数として $(2n+1)$ を $\Phi(2n+1)$ で置き換えたものを $\Phi(H)$ の定義とすれば，$\Phi(H)$ は "H の関数" ともいうべき作用素である．

さて，Schrödinger 方程式の初期値問題

$$\mathrm{i}\frac{\partial}{\partial t}\psi(x,t) = -\frac{\partial^2}{\partial x^2}\psi(x,t) + x^2\psi(x,t), \tag{4.54}$$

$$\psi(x,0) = \psi_0(x) \tag{4.55}$$

§4.5 固有関数展開

の解作用素 $U(t)$ は抽象的には e^{-itH} と書ける ((3.17), (3.18) 参照).

そこで, $\varPhi_t(\lambda) = \mathrm{e}^{-it\lambda}$ ととって, $U(t)\phi_0 = \varPhi_t(H)\phi_0$ とすれば, それが初期値問題 (4.54), (4.55) の解になると期待される. この節では, それを確かめる. これは, 初期値問題 (4.54), (4.55) の解の存在 (それは決して自明ではない) の証明である.

形式的な級数解が本当に解になっているというようなことの証明では, 項別微分の正当化とか, 微分と積分の順序を変えるとか, ときに面倒な議論をせざるを得ない. 適当にとばされてもよいが, そういう証明をする中で固有関数に対する (4.59), (4.60) のような評価が必要になってくるのは, 興味あることであろう.

これからの議論で, 関数項級数の項別微分に関する次の補題を使う. この補題は微分積分学のどの教科書にも出ている.

補題 4.2 関数項級数 $f(x) = \sum_{n=1}^{\infty} f_n(x)$ において, $f_n(x)$ は微分可能で $f_n'(x)$ は連続であり, 級数 $\sum_{n=1}^{\infty} f_n(x), \sum_{n=1}^{\infty} f_n'(x)$ がともに一様収束するとする. そのとき, $f(x)$ は微分可能で, $f'(x)$ は項別微分によって求められる:

$$f'(x) = \sum_{n=1}^{\infty} f_n'(x). \qquad \Box$$

初期関数 ψ_0 は $\mathcal{S}(\mathbf{R}^1)$ の関数であるとし,

$$\psi(x,t) = \varPsi_t(H)\psi_0(x) = \sum_{n=0}^{\infty} \mathrm{e}^{-\mathrm{i}(2n+1)t} c_n \varphi_n(x), \quad c_n = (\psi_0, \varphi_n) \tag{4.56}$$

とおく. 右辺の級数が一様収束することは, 優級数の評価 (4.53) によって示されている. 本節の結果は次の定理にまとめられる.

定理 4.10 $\psi_0 \in \mathcal{S}(\mathbf{R}^1)$ とし, $\psi(x,t)$ を (4.56) で定義する.

(ⅰ) $\psi(x,t)$ は x, t について C^∞ 級であり, 任意階の導関数は項別微分によって求められる.

(ⅱ) $\psi(x,t)$ は初期値問題 (4.54), (4.55) の解である.

(ⅲ) 任意の t に対して, $\dfrac{\partial^l}{\partial t^l}\psi(x,t)$ は x の関数として $\mathcal{S}(\mathbf{R}^1)$ に属し, $\psi(x,t)$ は次の全確率保存の法則を満たす.

$$\int_{-\infty}^{\infty}|\psi(x,t)|^2 dx = \int_{-\infty}^{\infty}|\psi_0(x)|^2 dx. \tag{4.57}$$

[証明] (i) の証明．補題 4.2 によれば，(4.56) の右辺を x で k 回，t で l 回項別に微分してできる級数

$$\sum_{n=0}^{\infty}(-\mathrm{i})^l(2n+1)^l \mathrm{e}^{-\mathrm{i}(2n+1)t}c_n \varphi_n^{(k)}(x) \tag{4.58}$$

が一様収束することを見ればよい．そのために，(4.50) を一歩進めた各点評価

$$|\varphi_n^{(k)}(x)| \leq \alpha_k (n+1)^{\beta_k}, \qquad n=0,1,\cdots \tag{4.59}$$

が成り立つことを使う．ここで，α_k, β_k は k だけにより，n によらない正の定数である．この評価は，$k=0$ の場合である (4.50) から出発し，(4.52) を用いる帰納法によって容易に確かめられる．評価 (4.59) と，$m > l + \beta_k + 1$ ととった (4.48) から (4.58) の一様収束が従うことは，定理 4.9 の証明と同様である．

(ii) の証明．(i) により項別微分が許されるから，(4.56) の各項が方程式 (4.54) を満たすことを見ればよいが，それは $\varphi_n(x)$ が固有関数であることからただちに分かる．(4.55) は明らか．

(iii) の証明．(4.59) をさらに一歩進めて，

$$|x^p \varphi_n^{(k)}(x)| \leq \alpha_{k,p}(n+1)^{\beta_{k,p}}, \qquad n=0,1,\cdots \tag{4.60}$$

が成り立つ．ここで，$\alpha_{k,p}, \beta_{k,p}$ は k, p だけにより，n によらない正の定数である．この評価の証明は演習問題とする (演習問題 4.4)．この評価と (4.48) から，(4.58) の各項に x^p を掛けてできる級数は優級数として $\gamma_n = c\alpha_{k,p}(2n+1)^{l+\beta_{k,p}-m}$ を持つことが分かる．m を大きくとれば，$\sum \gamma_n < \infty$ だから，

$$\left| x^p \frac{\partial^{l+k}}{\partial t^l \partial x^k}\psi(x,t) \right| \leq M_{l,k,p} \tag{4.61}$$

という評価が成り立つ (注意 4.4 参照)．特に，$\psi(x,t)$ は x の関数として $\mathcal{S}(\mathbf{R}^1)$ に属する．

(4.57) を形式的に確かめることは，第 1 章の演習問題 1.4 でやっているし，量子力学の教科書にも書いてある．その計算を正当化すればよい．(4.57) は $t=0$ で成り立つから，$\dfrac{\mathrm{d}}{\mathrm{d}t}\int_{-\infty}^{\infty}\psi(x,t)\overline{\psi(x,t)}\mathrm{d}x = 0$ を確かめれば十分．まず，t での微分を積分の中に入れてよいことは，(4.61) と命題 2.5 から分かる．次に，

$\psi(x,t)$ の方程式を使ってから部分積分をするのであるが,そのとき境界項が消えることは,$\psi(\cdot,t) \in \mathcal{S}(\mathbf{R}^1)$ から明らかである.詳細は読者に任せる. ∎

注意 4.5 上の証明は調和振動子にしか通用しない.(4.54) で x^2 を一般の $V(x)$ に変えると,問題は難しくなる.多次元の場合も含めて,$V(x)$ が実数値かつ C^∞ 級で,V の 2 階以上のすべての導関数が有界ならば,$\psi_0 \in \mathcal{S}$ に対して (4.54), (4.55) は $\mathcal{S}$ に属する解 $\psi(x,t)$ をもつことが証明されている[*3].$V(x)=x^2$ はもちろんこの仮定を満たす.

演習問題

4.1 ハミルトニアン $H=-d^2/dx^2+V(x)$ で,V は $V(x)\to\infty$,$|x|\to\infty$ を満たすとし,H の固有値を大きさの順に並べて,λ_n とする (注意 4.1 の (iii) 参照).$E>0$ として,E を超えない λ_n の個数を $N(E)$ とする.V がさらに適当な追加仮定を満たせば,固有値の漸近分布の公式

$$N(E) \sim \frac{1}{\pi}\int_{V(x)\leq E}\sqrt{E-V(x)}dx, \qquad E\to\infty, \qquad (4.62)$$

が成り立つことが知られている.ここで,$\sim$ は $E\to\infty$ のとき両辺の比が 1 に収束することを意味する ((4.62) の証明はそう簡単ではない).これらは認めて次の問に答えよ.

(i) 調和振動子に対して (4.62) を確かめよ.

(ii) §1.2(c) で述べた Planck の量子条件との関係を参考にして,(4.62) の意味を考えよ.

4.2

(i) $\mathcal{S}$ における作用素 J を $Jf(x)=f(-x)$ で定義する.J の固有値と各固有値に属する固有空間を求めよ.

(ii) Fourier 変換 $\mathcal{F}$ は $\pm 1, \pm i$ 以外に固有値をもたないことを証明せよ.(Hermite 固有関数系の完全性とユニタリ作用素のスペクトル定理を使えばただちに分かるが,ここでは直接の証明を期待する.)

4.3 (4.51) を検証せよ.[ヒント:ϕ_n の満たす固有方程式と漸化式から計算していくか,回り道ともいえるが,(4.32) と (4.33) の辺々足した式を考えよ.]

[*3] D. Fujiwara, A construction of fundamental solution for the Schrödinger equation, J. Analyses Math. **35** (1979), 41–96 の 90 頁,Theorem 6.

4.4 評価 (4.60) を証明せよ．[ヒント：$p=0$ のときは既知．ある $p>0$ に対し，$(0,p)$ でできれば，(k,p) でできる．p を一つ進めるのに，(4.52) の代わりに何を用いるとよいか？]

4.5 完備でない内積空間 $\mathcal{D}$ の正規直交系 $\{e_n\}$ は，定理 4.5 の条件 (iv) を満たしても必ずしも完全ではないことを示せ．(この問題を，内積空間の言葉だけで解くのは困難かも知れない．一つの解法をヒント 1，ヒント 2 として示す．ヒント 2 はなるべく見ないで解いてみていただきたい．)

[ヒント 1：抽象的な議論でもできるが，調和振動子の固有関数系 $\{\varphi_n\}_{n=0}^\infty$ を使って考えよう．これが $L^2(\mathbf{R}^1)$ の完全正規直交系であること，したがって，(a) $f \in L^2$ が任意の $\varphi_n, n=1,2,\cdots$ と直交するならば，$f = \alpha\varphi_0$ であること，および，(b) L^2 における Parseval の等式は既知として使う．]

[ヒント 2：$h \in L^2 \setminus \mathcal{S}$, $(h,\varphi_0) \neq 0$ であるような h を一つ用意して，$\mathcal{D} = \{g+\alpha h \,|\, g \in \mathcal{S}, \ (g,\varphi_0)=0, \ \alpha \in \mathbf{C}\}$ とする．そのとき，$\mathcal{D}$ の正規直交系 $\{\varphi_n\}_{n=1}^\infty$ が求めるものである．]

4.6 §4.1 (b) の設定の下で $[P^2, Q] = P^2 Q - Q P^2$ を計算せよ．

4.7 2 次元空間で鉛直方向に向く一定の強さ B_0 の磁場の作用のもとで運動する粒子のハミルトニアンは
$$H = \left(-\mathrm{i}\frac{\partial}{\partial x_1} + \frac{B_0}{2}x_2\right)^2 + \left(-\mathrm{i}\frac{\partial}{\partial x_2} - \frac{B_0}{2}x_1\right)^2$$
である．

(i) $P = B_0^{-1/2}\left(-\mathrm{i}\dfrac{\partial}{\partial x_2} - \dfrac{B_0}{2}x_1\right), \quad Q = B_0^{-1/2}\left(-\mathrm{i}\dfrac{\partial}{\partial x_1} + \dfrac{B_0}{2}x_2\right)$

とすると，(4.5) が満たされることを示せ．

(ii) 平面極座標 $(x_1, x_2) = (r\cos\theta, r\sin\theta)$ を用いる．$A\varphi = (P - \mathrm{i}Q)\varphi = 0$ の解で $\varphi(x_1, x_2) = f(r)\mathrm{e}^{\mathrm{i}m\theta}, \ m = 0, \pm 1, \cdots$ という形をもつものを求めよ．

(iii) H は固有値 $(2n+1)B_0, \ n=0,1,\cdots$ をもち，固有空間は無限次元であることを確かめよ．(この固有状態は Landau 準位と呼ばれる．)

第5章
Schrödinger 作用素と スペクトル

この章は，第3章の自由粒子，第4章の調和振動子を素材としての，ハミルトニアンのスペクトル表現への導入的な解説から始まり (§5.1)，Schrödinger 作用素のスペクトル理論についてのごく初歩的な解説に到る．§5.4 で証明する，"遠方で0に近づくポテンシャルを持つ Schrödinger 作用素は $[0,\infty]$ を連続スペクトルとする"，という定理は，本書で一般のポテンシャルを扱う初めての定理である．§5.2 では，スペクトル表現の具体例として，自由粒子のハミルトニアンのエネルギー変数による表現と，Stark 効果のハミルトニアンのスペクトル表現を論じる．この節をとばして §5.3 に進むこともできる．

今までの章では，正確な論理は $\mathcal{S}$ のレベルで展開し，ときに L^2 レベルへの拡張や関連事項を，お話の形で述べてきた．この章の題材は，L^2 レベルで理解すべきことなのだが，それを L^2 についての正確な予備知識は期待しないで解説したので，論理とお話の境界がはっきりしなくなっているところがある．読者が，自らの要求に適した形で，理解，納得して下さることを期待する．

§5.1 スペクトル表現

(a) スペクトル表現とは

自由粒子 (3次元)，調和振動子 (1次元) という二つの実例を使って，スペクトル表現の説明をする．簡単のため，係数は正規化して，それぞれのハミルトニアンを

$$H_{\mathrm{f}} = -\Delta, \qquad H_{\mathrm{ho}} = -\frac{\mathrm{d}^2}{\mathrm{d}x^2} + x^2$$

という記号で表す．添字 f, ho はそれぞれ "free", "harmonic oscillator" からとった．

まず，H_{f} を考える．便宜上，x（または ξ）を変数とする関数の作る L^2 空間を L_x^2（または L_ξ^2）と書く．Fourier 変換 $\mathcal{F}$ は L_x^2 から L_ξ^2 へのユニタリ作用素である．そして，§3.1(a) で見たように，もともと L_x^2 上の微分作用素である H_{f} が，ユニタリ作用素 $\mathcal{F}$ によって L_ξ^2 上の掛け算作用素 M_{ξ^2} に変換される．

次に，H_{ho} を考える．複素数列 $\boldsymbol{c} = \{c_n\}_{n=0}^\infty$ で $\|\boldsymbol{c}\|^2 \equiv \sum_{n=0}^\infty |c_n|^2 < \infty$ を満たすもの全体を l^2 と書く．l^2 は Hilbert 空間である．調和振動子系の固有関数 $\{\varphi_n(x)\}$ の完全性と Parseval の等式により，$f \in L_x^2$ に $\boldsymbol{c} = \{c_n\}$, $c_n = (f, \varphi_n)$ を対応させる作用素 $\mathcal{F}_{\mathrm{ho}}$ は，L_x^2 から l^2 へのユニタリ作用素である．そして，定理 4.8 によれば，もともと L_x^2 上の微分作用素である H_{ho} が，ユニタリ作用素 $\mathcal{F}_{\mathrm{ho}}$ によって l^2 上で各成分に $2n+1$ を掛けるという作用素に変換される．

$L^2(\mathbf{R}^1)$ は，$\mathbf{R}^1$ を変域とする連続変数 x の関数 $f(x)$ で $|f(x)|^2$ が可積分であるもの全体の集合であった．同様に，l^2 の数列 $\boldsymbol{c} = \{c_n\}_{n=0}^\infty$ を，離散変数 n の関数 $n \mapsto c_n$ と考え，記号 L^2 を同じ意味で用いて，

$$l^2 = L^2(\overline{\mathbf{N}}), \qquad \overline{\mathbf{N}} \equiv \mathbf{N} \cup \{0\} = \{0, 1, \cdots\}$$

と書く．ここで，$\overline{\mathbf{N}}$ は変数 n の変域であり，$\overline{\mathbf{N}}$ 上の関数の積分は，成分の和をとることである．このように考えれば，H_{ho} は $\mathcal{F}_{\mathrm{ho}}$ によって $L^2(\overline{\mathbf{N}})$ 上の掛け算作用素 $M_{\{2n+1\}}$ に変換される，ということができ，H_{f} の場合との対比が完全になる．

一般に，ある集合 Ω 上に，面積，体積に相当する量である測度 μ が定義されているとき，(Ω, μ) を**測度空間**と呼ぶ．そして，Ω 上の関数 $f = f(\omega)$ の μ による積分を $\int_\Omega f(\omega) \mathrm{d}\mu(\omega)$ と書く．ただし，積分を考える関数 f に可測性と呼ばれる条件をつけねばならない．$L^2(\mathbf{R}_x^1)$ の場合には，$\Omega = \mathbf{R}^1$, $\mathrm{d}\mu = \mathrm{d}x$ であり，f が可測であるとは f が連続関数列の "ほとんどいたるところ" の極限として表されることである．$l^2 = L^2(\overline{\mathbf{N}})$ の場合には，$\Omega = \overline{\mathbf{N}}$ で，μ は $\overline{\mathbf{N}}$ の各点に測度 1 を与えるもので，すべての関数 $\boldsymbol{c} = \{c_n\}_{n=0}^\infty$ が可測である．きちんとした議論をしようとすれば，Lebesgue 積分論を展開しなければならないが，本章では，

H_f, H_ho の二つの例を手がかりに,感覚的に理解しておいていただければよい.

一般に,Ω 上の関数 $m(\omega)$ が与えられたとき,$f(\omega) \longmapsto m(\omega)f(\omega)$ で定まる作用素を $L^2(\Omega)$ における**掛け算作用素**という.記号では M_m で表すが,誤解の恐れがないときには単に m または $m\cdot$ と書くこともある.正確には,$m(\omega)$ も可測とし M_m の定義域は f および mf が $L^2(\Omega)$ に属する f の全体とせねばならない.

Hilbert 空間 $\mathcal{X}$ における自己共役作用素 H が,$\mathcal{X}$ から $L^2(\Omega)$ へのユニタリ作用素 F によって $L^2(\Omega)$ 上の掛け算作用素 M_m に変換されたとき,$(L^2(\Omega), m, F)$ は H の**スペクトル表現**であるという.m を M_m の**掛け算因子**と呼んでおこう.$H = H_\mathrm{f}$ に対しては $(L^2_\xi, \xi^2, \mathcal{F})$ が,$H = H_\mathrm{ho}$ に対しては $(L^2(\overline{\mathbf{N}}), \{2n+1\}, \mathcal{F}_\mathrm{ho})$ が,一つのスペクトル表現である.なお,スペクトル表現は一意ではない.

ハミルトニアンの構造を解析するのに,表現の表現空間がベクトル値関数の空間であるようなスペクトル表現を使う方が適切なこともある.ここで,一般的な定義をすることは避け,§5.2 (a) で自由粒子を例として説明をすることにする.

(b) 固有関数展開とスペクトル表現

H_ho のスペクトル表現 $L^2(\overline{\mathbf{N}}, \{2n+1\}, \mathcal{F}_\mathrm{ho})$ は固有関数展開を通じて構成された.それを表すのは,(4.44) と (4.46) であり,$\mathcal{F}_\mathrm{ho}$ は $f \longmapsto \{(f, \varphi_n)\}$ で与えられる.

一方,H_f は L^2_x に属する固有関数をもたない.しかし,

$$\varphi(x, \xi) = \frac{1}{(2\pi)^{3/2}} \mathrm{e}^{\mathrm{i}\xi x}$$

とおけば,$\varphi(x, \xi)$ は形式的には固有方程式

$$-\Delta \varphi(x, \xi) = \xi^2 \varphi(x, \xi)$$

を満たす.そして,Fourier の反転公式 (2.20),および (3.6) に相当する式は,$\varphi(x, \xi)$ を用いて

$$f(x) = \int_{\mathbf{R}^3} \left\{ \int_{\mathbf{R}^3} f(y) \overline{\varphi(y, \xi)} \mathrm{d}y \right\} \varphi(x, \xi) \mathrm{d}\xi$$

$$H_{\mathrm{f}}f(x) = \int_{\mathbf{R}^3} \xi^2 \left\{ \int_{\mathbf{R}^3} f(y)\overline{\varphi(y,\xi)}\mathrm{d}y \right\} \varphi(x,\xi)\mathrm{d}\xi$$

と書ける．これらを (4.44), (4.46) と見比べれば，両者がよく似ていることは明白である．$\varphi(x,\xi)$ は x の関数として L_x^2 には入らないので，これを H_f の**一般固有関数**と呼ぶことにしよう．Fourier の反転公式は，H_f の一般固有関数による固有関数展開であるとみなすことができる．

§5.2 スペクトル表現の例

(a) 自由粒子のエネルギー表現

自由粒子のハミルトニアン H_f のスペクトル表現は $(L_\xi^2, \xi^2, \mathcal{F})$ で与えられた．ξ 空間の点 ξ は極座標では，$\xi = (\rho\sin\theta\sin\varphi, \rho\sin\theta\cos\varphi, \rho\cos\theta)$ と表される．ここで，$\rho = |\xi|$ であり，$S^2 = \{\xi \mid |\xi| = 1\}$ を ξ 空間の単位球面とし，

$$\sigma = (\sin\theta\sin\varphi, \sin\theta\cos\varphi, \cos\theta) = \xi/|\xi| \in S^2$$

とすれば，ξ の極座標表示は

$$\xi = \rho\sigma \sim (\rho, \sigma), \quad \rho > 0, \quad \sigma \in S^2$$

と書くことができる．

$\phi \in L_\xi^2$（あるいはさしあたり $\phi \in \mathcal{S}$）とし，ϕ を極座標を使って $\phi(\xi) = \phi(\rho, \sigma)$ と書く*1．S^2 の面積要素を $\mathrm{d}\sigma = \sin\theta\mathrm{d}\theta\mathrm{d}\varphi$ と書くと，積分の変数変換の公式により

$$\int_{\mathbf{R}^3} |\phi(\xi)|^2 \mathrm{d}\xi = \int_0^\infty \rho^2 \mathrm{d}\rho \int_{S^2} |\phi(\rho,\sigma)|^2 \mathrm{d}\sigma \tag{5.1}$$

が成り立つ．

S^2 の上で $\mathrm{d}\sigma$ を測度として作られる L^2 空間を $\mathcal{K} \equiv L^2(S^2)$, $L^2(S^2)$ におけるノルムを $\|\ \|_\mathcal{K}$ と書く．変数 $\rho > 0$ の任意の値に対して $\phi(\rho,\sigma)$ を σ の関数とみれば，ϕ は $\mathcal{K}$ に値をとる ρ のベクトル値関数（$L^2(S^2)$ 値関数）であるとみなせる．それを今度は $\widetilde{\phi}$ を用いて $\widetilde{\phi}(\rho)$ と書く．そうすれば，(5.1) は

---

*1 本来，ϕ は区別して $\widetilde{\phi}$ とでもするべきであるが，誤解の恐れはないので，同じ ϕ を用いる．

§5.2 スペクトル表現の例

$$\|\phi\|_{L_\xi^2}^2 = \int_0^\infty \rho^2 \|\widetilde{\phi}(\rho)\|_{\mathcal{K}}^2 \mathrm{d}\rho$$

と書ける. さらに, $\rho^2 = \lambda$ と変数変換して

$$\widehat{\phi}(\lambda) = \frac{\lambda^{1/4}}{2^{1/2}} \widetilde{\phi}(\lambda^{1/2})$$

とおけば, 最終的に

$$\|\phi\|_{L_\xi^2}^2 = \int_0^\infty \|\widehat{\phi}(\lambda)\|_{\mathcal{K}}^2 \mathrm{d}\lambda \tag{5.2}$$

が得られる.

$\mathbf{R}^+ = (0, \infty)$ とおき, $\mathcal{K}$ に値をとる λ のベクトル値関数 $\widehat{\phi}$ で (5.2) の右辺の積分が有限であるようなものの全体を $L^2(\mathbf{R}^+; \mathcal{K})$ と書く. (ただし, $\widehat{\phi}$ に対しては例によって適当な可測性が要請される.) そこで, L_x^2 から $L^2(\mathbf{R}^+; \mathcal{K})$ への作用素 $\mathcal{F}_p$ を

$$(\mathcal{F}_p f)(\lambda)(\sigma) = \frac{\lambda^{1/4}}{2^{1/2}} (\mathcal{F}f)^\sim(\lambda^{1/2})(\sigma)$$

とおくと, $\mathcal{F}_p$ はユニタリ作用素であり, 次の定理が成り立つ.

定理 5.1 $(L^2(\mathbf{R}^+; \mathcal{K}), M_\lambda, \mathcal{F}_p)$ は

$$H_\mathrm{f} = \mathcal{F}_p^{-1} M_\lambda \mathcal{F}_p \tag{5.3}$$

が成り立つという意味で, H_f のスペクトル表現である. 言い換えれば, H_f はユニタリ作用素 $\mathcal{F}_p$ によって $L^2(\mathbf{R}^+; L^2(S^2))$ での M_λ に変換される.

[証明] 上では $\mathcal{F}_p$ が $\mathcal{S}$ の上ではノルムを変えないことを見た. さらに, (5.3) を $f \in \mathcal{S}$ に作用させた関係が正しいことは, $\mathcal{F}_p$ の定義から容易に分かる. L^2 レベルでの証明も, 肝心のところはこれだけであり, L^2 理論の系統的な展開 (ただし L^2 における H_f の定義域が §2.4 (d) で述べた Sobolev 空間 H^2 になることを含む) ができていれば, 多少の形式的な補充が必要なだけである. ∎

$L^2(\mathbf{R}^+; \mathcal{K})$ における掛け算作用素 M_λ の掛け算因子は, 正確にいうと $\lambda I_\mathcal{K}$ と書くべきものである. ただし, $I_\mathcal{K}$ は $\mathcal{K}$ における恒等作用素である. この意味で, M_λ あるいは一般にベクトル値の場合の掛け算作用素 $M_{a(\lambda)I}$ はスカラー作用素ともいわれる. ベクトル値の場合, 次のような作用素 T も考えられる. 各 λ に対して, $\mathcal{K}$ における作用素 $T(\lambda)$ が与えられているとして, $(Tf)(\lambda) = T(\lambda)f(\lambda)$. T

はいわば $\mathcal{K}$ での作用素 $T(\lambda)$ を掛け算因子として持つ作用素であるといえる．このような作用素は，$L^2(\Omega;\mathcal{K})$ で分解可能 (decomposable) な作用素と呼ばれる．

定理 5.1 のスペクトル表現は，掛け算因子が表現空間の座標変数 λ そのものであるという特徴を持つ．H_f がハミルトニアンだから λ はエネルギー変数である．そして，エネルギー変数と直交する他の変数は，S^2 の座標変数として $\mathcal{K}$ の中に押し込められている．これからの帰結として "H_f と可換なユニタリ作用素 S は，表現空間 $L^2(\mathbf{R}^+;\mathcal{K})=L^2(\mathbf{R}^+;L^2(S^2))$ で分解可能で，その掛け算因子 $\mathcal{S}(\lambda)$ は，$\mathcal{K}=L^2(S^2)$ におけるユニタリ作用素になる"，という定理が成り立つ．一つの重要な応用例は散乱理論に出てくる散乱作用素である．散乱作用素は H_f と可換であり，したがって分解可能である．対応する $\mathcal{S}(\lambda)$ は散乱行列と呼ばれる．

ベクトル値関数によるスペクトル表現の一般的な定義を，§5.1 での定義と同じ形で述べるのは，読者も容易にできるだろうから繰り返さない．

(b) Stark 効果のハミルトニアン

直線 $\mathbf{R}^1$ 上を運動する電子に，大きさ E の一様な外部電場をかけるときの，ポテンシャルは $V(x)=eEx$ である．ここで，e は電子の電荷である．係数を正規化して，**Stark 効果のハミルトニアン**

$$H_\mathrm{S} = -\frac{\mathrm{d}^2}{\mathrm{d}x^2}+x$$

を解析しよう．説明は L^2 レベルの議論であるが，計算の確認は $\mathcal{S}$ の上で行えば十分である．

H_S の一つのスペクトル表現は簡単に求められる．まず，Fourier 変換 $\mathcal{F}$ によって，H_S は

$$\widehat{H}_\mathrm{S} = \xi^2 + \mathrm{i}\frac{\mathrm{d}}{\mathrm{d}\xi}$$

に変換される：$H_\mathrm{S}=\mathcal{F}^{-1}\widehat{H}_\mathrm{S}\mathcal{F}$．次に，$L^2_\xi$ で $(T\phi)(\xi)=\mathrm{e}^{-\mathrm{i}\xi^3/3}\phi(\xi)$ で定められるユニタリ作用素を導入する．容易に分かるように

$$\widehat{H}_\mathrm{S}=T^{-1}\left(\mathrm{i}\frac{\mathrm{d}}{\mathrm{d}\xi}\right)T \tag{5.4}$$

が成り立つ (演習問題 5.1). 再び $i(d/d\xi) = \mathcal{F} M_x \mathcal{F}^{-1}$ (M_x は x を掛け算因子とする掛け算作用素) と書き直せば, 次の定理が得られる.

定理 5.2 記号は上の通りとして, H_S は次のように表される:
$$H_S = \mathcal{F}^{-1} T^{-1} \mathcal{F} M_x \mathcal{F}^{-1} T \mathcal{F} \tag{5.5}$$
言い換えれば, $(L_x^2, x, \mathcal{F}^{-1} T \mathcal{F})$ は H_S のスペクトル表現である. □

注意 5.1 (5.5) は次のように書かれることが多い. 運動量変数として ξ の代わりに p を用いて
$$H_S = e^{ip^3/3} x e^{-ip^3/3}. \tag{5.6}$$
右辺で, p 空間, x 空間での掛け算作用素の間を $\mathcal{F}, \mathcal{F}^{-1}$ でうつりかわることは暗黙のうちに諒解されている. (5.5) は厳格な書き方であるが, (5.6) の方が覚えやすい.

次の節で説明するが, スペクトル表現の掛け算因子がとる値の範囲は, ハミルトニアンのスペクトルの範囲, すなわちそのハミルトニアンを持つ物理系のエネルギーの範囲と一致する. 自由粒子ではその範囲は, 非負の実数全体であるが, Stark 効果のハミルトニアンでは, 実数全体になる.

Stark 効果のハミルトニアンのもとでの波束の伝播について, 紙数の都合で演習問題 5.4, 5.5 で検討する. ぜひ解いてみていただきたい.

§5.3　スペクトルとレゾルベント

この節以降, Hilbert 空間における有界作用素とそのノルムが出てくる. 必要事項は, §2.1, §6.4 にまとめられているから適宜参照していただきたい.

(a)　スペクトル表現とスペクトル

自由粒子　まず, 自由粒子のハミルトニアン H_f を例にとって, スペクトル, レゾルベント集合, レゾルベントを導入する. ただし, 記号は一般的な形も併用することにし, しばらく $H = H_f, \Omega = \mathbf{R}^3, (L^2(\Omega), m, F) = (L_\xi^2, \xi^2, \mathcal{F})$ であると約束する. $M_{\xi^2} = \widehat{H}$ とも書く. なお, ξ はそのまま使い, ω には変えない.

掛け算因子 $m(\xi)$ の値域 $\{m(\xi) | \xi \in \Omega\}$ は $[0, \infty)$ である. これは複素平面の部分集合として閉集合である. この集合を $\Sigma = \Sigma(H)$ とおき, 複素平面における Σ の補集合を $P = P(H)$ とおく. すなわち自由粒子に対して

$$\Sigma(H_{\mathrm{f}}) = [0, \infty), \qquad \mathrm{P}(H_{\mathrm{f}}) = \mathbf{C} \setminus [0, \infty)$$

である.

一般に,複素数 z から集合 Σ への距離 $\mathrm{dist}(z, \Sigma)$ は

$$\mathrm{dist}(z, \Sigma) = \inf_{w \in \Sigma} |w - z|$$

と定義される.閉集合 Σ に対しては,$z \notin \Sigma$ と $\mathrm{dist}(z, \Sigma) > 0$ は同値である.

自由粒子に戻り,任意の複素数 z に対して関数 $r_z(\xi)$ を

$$r_z(\xi) = \frac{1}{z - m(\xi)} = \frac{1}{z - \xi^2}$$

と定義する.ただし,分母が 0 になるところでは関数は定義されないとする.Σ が閉集合だから,$z \notin \Sigma$ ならば $r_z(\xi)$ は有界関数で,

$$\sup_{\xi \in \Omega} |r_z(\xi)| = \frac{1}{\mathrm{dist}(z, \Sigma)} \tag{5.7}$$

を満たす.そこで,r_z を掛け算因子とする作用素

$$(M_{r_z}\phi)(\xi) = \frac{1}{z - \xi^2}\phi(\xi) \tag{5.8}$$

を考え,M_{r_z} およびそれを x 空間に変換した作用素を表す記号として

$$\widehat{R}(z) = R(z; \widehat{H}) = M_{r_z}, \quad R(z) = R(z; H) = \mathcal{F}^{-1}\widehat{R}(z)\mathcal{F} \tag{5.9}$$

を導入する.

命題 5.1 $\widehat{R}(z), R(z)$ は有界作用素であって次の関係を満たす.

$$\|\widehat{R}(z)\| = \|R(z)\| = \frac{1}{\mathrm{dist}(z, \Sigma)}, \tag{5.10}$$

$$\widehat{R}(z) = (z - \widehat{H})^{-1}, \quad R(z) = (z - H)^{-1}. \tag{5.11}$$

ただし,(5.11) で $z - H$ は $zI - H$ (I は恒等作用素) の略記である.

[証明] $R(z)$ に対する主張は $\widehat{R}(z)$ に対する主張からユニタリ変換ですぐに出る.$\widehat{R}(z)$ に対する主張のうち,(5.10) で $=$ を $\leq$ に変えたものは (5.7) から明らか.等号を示すのも難しくはない.詳細は読者に任せる.■

問 5.1 命題 5.1 の証明を詳しく述べよ.ただし,登場する作用素はすべて $\mathcal{S}$ での作用素なので,$\mathcal{S}$ のレベルで考えるだけでよい.

作用素 $R(z;H)$ は，H が有界でない場合でも有界になり，しかも z に関して正則である．それゆえに，$R(z;H)$ の解析は，スペクトル理論や線形作用素の半群など，作用素論の各方面できわめて有力な手段になる．$R(z;H)$ を H の**レゾルベント** (resolvent) といい，$\mathrm{P}(H)$ を H の**レゾルベント集合**，$\Sigma(H)$ を H の**スペクトル** (spectrum) という．

$z \in \Sigma$ のときにも，$z - \widehat{H}, z - H$ は１対１の作用素であるがそれらの逆作用素の定義域は $\mathcal{S}$ 全体ではなく，逆の有界性を表す不等式

$$\|(z - \widehat{H})\phi\| \geqq C\|\phi\|, \qquad \forall \phi \in \mathcal{S}, \quad C > 0$$

も成立しない (各自確かめよ)．ただし，$z - H, z \in \Sigma$ が１対１になるのは，一般の H に対して成り立つことではない．次項参照．

以上，自由粒子について述べたことは，具体的にスペクトル表現が求められるような作用素については，そのままの形で，適用できる．$\Sigma(H), \mathrm{P}(H), R(z;H)$ の定義はまったく同様である．実例について見てみよう．

調和振動子 H_{ho} のスペクトル表現は $(L^2(\Omega), m, F) = (L^2(\overline{\mathbf{N}}), \{2n+1\}, \mathcal{F}_{\mathrm{ho}})$ であり，掛け算因子の値域は $\{2n+1 \mid n \in \overline{\mathbf{N}}\}$ である．それは離散集合で，もちろん閉集合である．したがって，調和振動子に対しては

$$\Sigma(H_{\mathrm{ho}}) = \{1, 3, 5, \cdots\}, \qquad \mathrm{P}(H_{\mathrm{ho}}) = \mathbf{C} \setminus \{1, 3, 5, \cdots\}$$

である．レゾルベントは固有関数展開を用いて次のように書かれる．

$$R(z; H_{\mathrm{ho}})f(x) = \sum_{n=0}^{\infty} \frac{1}{z - (2n+1)} c_n \varphi_n(x), \quad c_n = (f, \varphi_n).$$

Stark 効果 Stark 効果のハミルトニアン H_S のスペクトル表現は定理 5.2 で求められていて，表現空間は $L^2(\mathbf{R}^1)$，掛け算因子は x である．したがって，

$$\Sigma(H_S) = \mathbf{R}^1, \qquad \mathrm{P}(H_S) = \mathbf{C} \setminus \mathbf{R}^1$$

である．

(b) 自己共役作用素のスペクトルとレゾルベント

一般の自己共役作用素に対しては，スペクトル表現がいい形で得られることは，むしろ稀である．逆に，スペクトル，レゾルベントの一般的な定義から出発して自己共役作用素のスペクトル理論が構成されていくのである．これは本書の枠を超えることだが，最初の定義だけを述べておこう．

定義 5.1 H を Hilbert 空間 $\mathcal{X}$ における自己共役作用素,z を複素数とする.

(i) $z-H$ が 1 対 1 で,逆作用素 $(z-H)^{-1}$ が $\mathcal{X}$ 全体で定義された有界作用素である (§6.4 の記号では $(z-H)^{-1} \in \mathcal{L}(\mathcal{X})$) ような z の全体を,H の**レゾルベント集合**といい,$\mathrm{P}(H)$ で表す.

(ii) $\mathrm{P}(H)$ の補集合 $\mathbf{C} \setminus \mathrm{P}(H)$ を H の**スペクトル**といい,$\Sigma(H)$ で表す.

(iii) $z \in \mathrm{P}(H)$ のとき,作用素 $(z-H)^{-1}$ を H の**レゾルベント**といい,$R(z;H)$ で表す. □

自己共役作用素 H に対して,スペクトルの点は実数であり ($\Sigma(H) \subset \mathbf{R}^1$),$\mathbf{C}$ において $\Sigma(H)$ は閉集合,$\mathrm{P}(H)$ は開集合である.レゾルベントは

$$\|R(z;H)\| = \frac{1}{\mathrm{dist}(z, \Sigma(H))}$$

を満たす.証明はここではしない.

H と $\widehat{H}$ がユニタリ作用素 F で $H = F^{-1}\widehat{H}F$ と結ばれているとき

$$\Sigma(H) = \Sigma(\widehat{H}), \quad \mathrm{P}(H) = \mathrm{P}(\widehat{H}), \quad R(z;H) = F^{-1}R(z;\widehat{H})F \quad (5.12)$$

が成り立つ (演習問題 5.2).

注意 5.2 §5.3(a) の三つの例について,この定義と前の定義とが一致していることは明らかであろう.なお,書物によっては符号を変えて $(H-z)^{-1}$ をレゾルベントとよぶこともある.

注意 5.3 スペクトル表現の掛け算因子 m に可測性しか要求しない場合,m の値を零集合上では変更してもよいから,値域が不定になる.したがって,スペクトルとの関係をきちんとつけるには,値域の定義をしかるべく変更しなければならない.もし Ω が位相空間で,Ω の測度がその位相について正則,しかも m が連続関数ならば,通常の値域の定義のままでよいだろう.

(c) 自由粒子のレゾルベント

ξ 空間での掛け算作用素が x 空間では合成積型の積分作用素になることは,(2.22) に現れている.しかし,積分核に出てくる関数が $\mathcal{S}$ の関数とは限らないので,その都度吟味がいる.自由粒子の発展作用素 $U(t)$ については,定理 3.3 でこれを論じた.レゾルベントについても次の定理が成り立つ.

定理 5.3 $z \in \mathrm{P}(H_{\mathrm{f}})$ とし,z の平方根のうち虚部が正のものを $\sqrt{z}$ とする:

Im $\sqrt{z} > 0$. そのとき,

$$R(z;H_{\mathrm{f}})f(x) = -\frac{1}{4\pi}\int_{\mathbf{R}^3}\frac{\mathrm{e}^{\mathrm{i}\sqrt{z}|x-y|}}{|x-y|}f(y)\mathrm{d}y. \tag{5.13}$$

が成り立つ. □

(5.13) の右辺の積分は, $f \in L^2(\mathbf{R}^3)$ のとき収束する (演習問題 5.3 参照). 積分核が特異性を持つ (5.13) のような関係を確かめるには, 合成積に関する Young の不等式などの道具を揃えてからとりかかる方がよい. ここでは, $1/(z-\xi^2)$ の逆 Fourier 変換を求める計算の概略を示すだけにとどめる. $1/(z-\xi^2)$ は可積分ではないが, その逆 Fourier 変換は, ひとまず次の表式で定義されるとしよう.

$$\frac{1}{(2\pi)^{3/2}}\lim_{R\to\infty}\int_{|\xi|\leq R}\frac{\mathrm{e}^{\mathrm{i}\xi x}}{z-\xi^2}\mathrm{d}\xi.$$

ここに現れている積分を $I(x,R)$ とし, $|x| = r$ と書く. x を固定し, ξ 空間に, x の方向を軸とする極座標 (ρ,θ,φ) を導入して, φ,θ での積分を実行すれば,

$$I(x,R) = -\frac{2\pi}{r}\int_{-R}^{R}\frac{\sin\rho r}{\rho^2 - z}\rho\,\mathrm{d}\rho$$

と計算される. ここで, 留数計算の方法を用いれば,

$$\lim_{R\to\infty}I(x,R) = -\frac{2\pi^2}{r}\mathrm{e}^{\mathrm{i}\sqrt{z}r}$$

が得られる. これに, (2.22) を形式的に適用すれば (5.13) が出てくる.

問 5.2 上の積分計算を確かめよ.

§5.4 Schrödinger 作用素のスペクトル

(a) 本質的スペクトル

前節でみたように H_{f}, H_S のスペクトルは連続集合であり, H_{ho} のスペクトルは離散集合であった. 前者を**連続スペクトル**, 後者を**離散スペクトル**という. 一つの作用素が両方をあわせ持つ場合もある.

前節の例 H_{f} および H_S では, 連続スペクトルの点 λ は固有値ではない. すなわち, $(H-\lambda)u = 0$ を満たす u は 0 しかない. しかし, 後にみるように (定理 5.4), $\|(H-\lambda)u_n\| \to 0$ $(\|u_n\| = 1)$ を満たすような近似的な固有ベクトルの列

u_n は存在する.そこで,次の定義を立てよう.

定義 5.2
$$\lim_{n\to\infty} \|H\phi_n - \lambda\phi_n\| = 0 \quad (5.14)$$
を満たす正規直交系 $\{\phi_n\}$ が存在するような $\lambda \in \Sigma(H)$ の全体を,H の**真性スペクトル** (essential spectrum) といい,$\Sigma_{\text{ess}}(H)$ で表す. □

上の定義で,はじめから $\lambda \in \Sigma(H)$ としたが,$\lambda \in \mathbf{C}$ から出発しても同じことである.実際,定義で述べたような $\{u_n\}$ が存在すれば,λ が P(H) に属し得ないことは明らかである.

定理 5.4
$$\Sigma_{\text{ess}}(H_{\text{f}}) = \Sigma(H_{\text{f}}) = [0, \infty),$$
$$\Sigma_{\text{ess}}(H_S) = \Sigma(H_S) = (-\infty, \infty),$$
$$\Sigma_{\text{ess}}(H_{\text{ho}}) = \emptyset$$
が成り立つ.

[証明] H_{f} について.スペクトル表現 $(L_\xi^2, \xi^2, \mathcal{F})$ に移り,$\widehat{H} = \xi^2$ として,$\widehat{H}$ に対して $\lambda \geqq 0$ ならば $\lambda \in \Sigma_{\text{ess}}(\widehat{H})$ を証明する.$\{\lambda_n\}$ を単調に減少しながら λ に収束する実数列とし,$\phi_n \in \mathcal{S}$ を次のように選ぶ.(i) $\|\phi_n\| = 1$; (ii) 集合 $\{\xi \mid \lambda_{n+1} \leqq \xi^2 \leqq \lambda_n\}$ の外では $\phi(\xi) = 0$.この $\{\phi_n\}$ が定義 5.2 の $\{\phi_n\}$ の条件を満たすことは容易に確かめられる.ゆえに $[0, \infty) \subset \Sigma_{\text{ess}}(\widehat{H})$.逆向きは分かっているからこれでよい.

H_S についても証明は同じである.

H_{ho} について.各固有値が $\Sigma_{\text{ess}} = \Sigma_{\text{ess}}(H_{\text{ho}})$ に属さないことを示せば十分.どの固有値でも同じだから,$\lambda_0 = 1$ が Σ_{ess} に属さないことを背理法で示す.$\lambda_0 \in \Sigma_{\text{ess}}$ と仮定し,(5.14) を $H = H_{\text{ho}}, \lambda = \lambda_0$ で満たすような正規直交系 $\phi^{(n)}$ をとる.H_{ho} の固有値 λ_k と対応する固有関数 φ_k を用いれば
$$(H_{\text{ho}} - \lambda_0)\phi^{(n)} = \sum_{k=1}^{\infty} (\lambda_k - \lambda_0) c_{n,k} \varphi_k, \quad c_{n,k} = (\phi^{(n)}, \varphi_k) \quad (5.15)$$
が成り立つ.(5.15) の第1式の左辺は仮定により 0 に収束する.ゆえに,Parseval の等式により
$$\sum_{k=1}^{\infty} |c_{n,k}|^2 \leqq \sum_{k=1}^{\infty} (\lambda_k - \lambda_0)^2 |c_{n,k}|^2 \to 0, \quad n \to \infty \quad (5.16)$$

したがって，$\|\phi^{(n)}\| = 1$ により $|c_{n,0}| \to 1$ である．さて，$m \neq n$ とすると，
$$0 = (\phi^{(m)}, \phi^{(n)}) = c_{m,0}\bar{c}_{n,0} + \sum_{k=1}^{\infty} c_{m,k}\bar{c}_{n,k}$$
であるが，$m = n+1$ として $n \to \infty$ とすれば右辺で第1項の絶対値は1に収束する．また，第2項の絶対値をSchwarzの不等式で評価して(5.16)を使えば，第2項は0に収束することが分かる．これは矛盾である． ∎

(b) 真性スペクトルと離散スペクトル

 上の証明のうち，H_{ho} に関する部分は，λ_0 の固有空間が有限次元ならば通用する．さらに，λ_0 から離れたところに連続スペクトルがある場合にも適用できるのだが，それには (5.15) に相当することを，一般のスペクトル定理から借りてこなければならない．次のことを証明なしに使う．

 λ が $\Sigma(H)$ の孤立点であるとする．すなわち，ある $d > 0$ に対して $(\lambda - d, \lambda + d) \cap \Sigma(H) = \{\lambda\}$ が成り立っているとする．このとき，λ は H の固有値である．固有空間を $\mathcal{M}$，その直交補空間を $\mathcal{N}$ とする．ϕ が H の定義域に属するとし，$\phi = \phi_1 + \phi_2$, $\phi_1 \in \mathcal{M}$, $\phi_2 \in \mathcal{N}$ とすると $(H - \lambda)\phi = (H - \lambda)\phi_2$ であり，$\|(H - \lambda)\phi_2\| \geq d\|\phi_2\|$ が成り立つ．

 これを認めれば，固有空間が有限次元である孤立固有値は $\Sigma_{\mathrm{ess}}(H)$ に属さないことが，先の証明と同じようにして示される．次に，固有空間が無限次元である孤立固有値が $\Sigma_{\mathrm{ess}}(H)$ に属することは明らかである．最後に，孤立固有値でない $\Sigma(H)$ の点はすべて $\Sigma_{\mathrm{ess}}(H)$ に属するのであるが，その証明には再びスペクトル定理の力を借りねばならない．以上をまとめると次の定理となる．

定理 5.5 $\Sigma(H) \setminus \Sigma_{\mathrm{ess}}(H)$ は H の孤立固有値で，その固有空間が有限次元であるもの全体と一致する． □

 $\Sigma(H) \setminus \Sigma_{\mathrm{ess}}(H)$ を $\Sigma_{\mathrm{disc}}(H)$ と書き，H の**離散スペクトル**という．

(c) Schrödinger 作用素のスペクトル

 この項では，本書ではじめて，一般の形のポテンシャルをもつ Schrödinger 作用素を取り扱う．考える作用素は
$$H\varphi(x) = -\triangle\varphi(x) + V(x)\varphi(x) \quad \text{すなわち} \quad H = H_{\mathrm{f}} + V \tag{5.17}$$

である．ここで，$V(x)$ はポテンシャルと呼ばれる実数値関数である．この項でする主要仮定は
$$\lim_{|x|\to\infty}|V(x)|=0 \qquad (5.18)$$
である．その他には，例えば V は有界連続とすればよいが，$V\in\mathcal{S}$ としてしまって読まれてもよい．

定理 5.6 H は (5.17) で与えられ，V は (5.18) を満たすとする．そのとき，$\Sigma_{\text{ess}}(H)=[0,\infty)$ が成り立つ．

[証明] ここでは，$[0,\infty)\subset\Sigma_{\text{ess}}(H)$ だけを示す．逆の包含関係の証明は，少々手間がかかるので，紙数の都合で省略せざるを得ない．

$\lambda>0$ とし，それに対して定理 5.4 の証明の H_{f} に関する部分で出てきた ϕ_n をとる．また，$\varepsilon_n>0$, $\varepsilon_n\to 0$ であるような数列 ε_n をとっておく．H_{f} の発展作用素を $U(t)$ とすれば，定理 3.4 と仮定 (5.18) により，$\lim_{t\to\infty}\|VU(t)\phi_n\|=0$ であることが分かる．そこで，$\|VU(t_n)\phi_n\|<\varepsilon_n$ となるように t_n をとって，$\widetilde{\phi}_n=U(t_n)\phi_n$ とおけば，$\{\widetilde{\phi}_n\}$ が H に対する (5.14) を満たすことは明らかであろう．$\{\widetilde{\phi}_n\}$ の正規直交性は，$U(t)$ がユニタリであることから分かる． ∎

定理 5.6 によれば，(5.18) を満たす Schrödinger 作用素 H は，$[0,\infty)$ を連続スペクトルとし，その下に有限個または無限個の孤立固有値を持つ．無限個の場合，固有値は 0 以外には集積しない．スペクトルの負の部分は束縛状態に対応し，正の部分は散乱状態に対応する．

演習問題

5.1 $\mathcal{S}$ 上で (5.4) が成り立つことを確かめよ．

5.2 (5.12) を確かめよ．

5.3 (5.13) の右辺の積分は $f\in L^2(\mathbf{R}^3)$ に対して絶対収束することを確かめよ．[ヒント：Schwarz の不等式の応用．]

5.4 Schrödinger 方程式の初期値問題
$$\mathrm{i}\frac{\partial}{\partial t}\psi(x,t)=\left(-\frac{\mathrm{d}^2}{\mathrm{d}x^2}+V(x)\right)\psi(x,t),\quad \psi(x,0)=\varphi_0(x),\quad \varphi_0\in\mathcal{S}(\mathbf{R}^1)$$

を $V(x) = 0$ (自由粒子) に対して解いたときの解を $\psi_\mathrm{f}(x,t)$, $V(x) = x$ (Stark 効果) に対して解いたときの解を $\psi_\mathrm{S}(x,t)$ とする.

$$\psi_\mathrm{S}(x,t) = \mathrm{e}^{-\mathrm{i}(tx+t^3/3)}\psi_\mathrm{f}(x+t^2, t) \tag{5.19}$$

が成り立つことを示せ.[ヒント:(5.5) の 1 段前の式 $H_\mathrm{S} = \mathcal{F}^{-1}T^{-1}(\mathrm{id}/\mathrm{d}\xi)T\mathcal{F}$ から出発し $\mathrm{i}(\partial/\partial t)\phi(\xi, t) = \mathrm{i}(\partial/\partial \xi)\phi(\xi, t)$, $\phi(\xi, 0) = \phi_0(\xi)$ の解は $\phi(\xi, t) = \phi_0(\xi + t)$ であることを利用する.]

5.5

(ⅰ) (5.19) の結果を演習問題 1.1, (ⅰ) の結果で求めた古典軌道と比較せよ.

(ⅱ) $\phi_\mathrm{S}(x, t)$ に対しても自由粒子に対する定理 3.6, 定理 3.7 と類似の定理が成り立つ.(5.19) から出発し,古典許容領域および (3.31) に相当する漸近解を適当に定めることにより,そのような定理を定式化し,証明せよ.(定式化が正しくできれば,証明はほとんど終わっているであろう.)

第6章

ポテンシャルのある
Schrödinger 方程式

　自由粒子，調和振動子の場合には Schrödinger 方程式の解析解を求めることができた．解析解が求められる今一つの大切な例として水素原子があるが，その解析は量子力学の教科書にゆずる．

　一般のポテンシャル $V(x)$ に対しては，解析解が求められるのは例外的である．そして，Schrödinger 方程式 (1.11) の波束型の解が一意的に定まることは自明なことではなく，証明されねばならない．自己共役作用素のスペクトル定理 (抽象的な意味での H の対角化) によれば，解は $\psi = \mathrm{e}^{-itH}\varphi_0$ と書ける (§4.5 (c) 参照)．その後で，φ_0 が滑らかならば解も滑らかになることを示すのが一つのやり方である．しかし，それは本書の趣旨をこえる．

　主として $\mathcal{S}$ の範囲で議論を展開してきた本書の締めくくりとして，この章では本書手持ちの方法の範囲内で，解の存在の一つの証明を提示してみたい．ただし，ポテンシャルも $\mathcal{S}$ の関数とする．今までの章と違って，数学的な一つの手法の展開が中心となる．

§6.1　解の存在定理

(a)　問題の設定

　この章で対象とするのは，Schrödinger 方程式 (1.11) であるが，記述を簡単にするために，x 空間は1次元とし，方程式の係数は正規化して初期値問題

$$\begin{cases} i\dfrac{\partial}{\partial t}\psi(x,t) = -\dfrac{\partial^2}{\partial x^2}\psi(x,t) + V(x)\psi(x,t) \\ \psi(x,0) = \varphi_0(x) \end{cases} \quad (6.1)$$

を考える.物理では Coulomb ポテンシャルなど,特異点を持つポテンシャルが大切であるし,初期関数 φ_0 についても,ある程度の特異性を許すことが望ましいが,我々は考察を $\mathcal{S}$ の範囲にとどめ,本章を通じて

$$V \in \mathcal{S}(\mathbf{R}^1), \qquad V \text{ は実数値}, \qquad \varphi_0 \in \mathcal{S}(\mathbf{R}^1) \quad (6.2)$$

と仮定する.

$V(x) \in \mathcal{S}$, $\varphi_0 \in \mathcal{S}$ と仮定する以上,解も $\psi(\cdot,t) \in \mathcal{S}$ の範囲で求めるのが自然である.まず,解を求めるのに適切と思われる関数族の説明から始める.以下,記号を簡単にするため,x での微分を D_x, t での微分を D_t で表し,例えば,$\dfrac{\partial^{j+k}}{\partial t^j \partial x^k} u = D_t^j D_x^k u$ と書く.我々は解を次の関数族 $\mathcal{X}$ の中で構成する.

定義 6.1 $\mathbf{R}^2$ で定義された関数 $\psi(x,t)$ が関数族 $\mathcal{X}$ に属するとは,次の条件 (i), (ii) が満たされることをいう.

(i) $\psi(x,t)$ は x, t について C^∞ 級である.

(ii) 任意の $j, k, m = 0, 1, \cdots$ と $T > 0$ に対して,定数 $M_{k,m}^{j,T}$ が存在して

$$|x|^m |D_x^k (D_t^j \psi)(x,t)| \leqq M_{k,m}^{j,T}, \quad \forall x \in \mathbf{R}^1, \ \forall t \in [-T,T]. \quad (6.3)$$

条件 (ii) は一見込み入っているが,次のように理解すればよい.(6.3) によれば,ψ の任意階の時間微分 $D_t^j \psi$ は,t を固定するとき x の関数として $\mathcal{S}$ に入るが,さらに t が任意の有界区間 $[-T,T]$ にある限り "一様に $\mathcal{S}$ に入る",すなわち (6.3) の定数 $M_{k,m}^{j,T}$ が t に無関係に選べるのである.

我々が目標とする存在定理は次の定理である.

定理 6.1 仮定 (6.2) のもとで,初期値問題 (6.1) は $\mathcal{X}$ の中に一意解をもつ.

注意 6.1 この定理は,注意 4.5 で述べた定理のきわめて特別な場合であるが,ここでは初等的な証明の範囲で,できるだけやってみようというわけである.

(b) 解の一意性

解の一意性は簡単だから,先に片づけておく.一意性は $\mathcal{X}$ よりも広い空間の中で示すことができる.ここでは次の関数族 $\mathcal{X}_1$ を用いる.

§6.1 解の存在定理

定義 6.2 $\mathbf{R}^2$ で定義された関数 $\psi(x,t)$ が関数族 $\mathcal{X}_1$ に属するとは，次の条件 (i)–(ii) が満たされることをいう．

(i) $\psi(x,t)$ は x について C^2 級, t について C^1 級である．

(ii) 任意の $j=0,1$, $k=0,1,2$, $m=0,1$ と $T>0$ に対して，定数 $M_{k,m}^{j,T}$ が存在して (6.3) が成り立つ． □

$\mathcal{X}_1$ は $\mathcal{X}$ の定義において j, k, m の範囲を制限したものであるから $\mathcal{X} \subset \mathcal{X}_1$ である．

命題 6.1 $\psi \in \mathcal{X}_1$ が (6.1) の解ならば $\|\psi(\cdot,t)\| = \|\varphi_0\|$ が成り立つ． □

系 6.1 $\psi_1, \psi_2 \in \mathcal{X}_1$ が初期値問題 (6.1) の解ならば $\psi_1 = \psi_2$．

[証明] $\psi_2 - \psi_1$ は $\varphi_0 = 0$ のときの (6.1) の解だから，命題 6.1 から明らか． ∎

[命題 6.1 の証明] $T>0$ を任意にとって，$t \in [-T, T]$ の範囲で証明すれば十分．まず定義 6.2 の (ii) により $|\psi(x,t)|^2 \leq \min\{(M_{0,0}^{0,T})^2, (M_{0,1}^{0,T})^2 x^{-2}\}$ であり，右辺は可積分だから，$\|\psi(\cdot,t)\| < \infty$ である．同様に，以下にでてくる積分はすべて絶対収束している．

同様の考察で $|D_t \psi \cdot \overline{\psi}|$ は t に無関係な可積分関数で押さえられることが分かるから，$D_t \|\psi(\cdot, t)\|^2 = D_t \int_{-\infty}^{\infty} \psi(x,t) \overline{\psi(x,t)} \mathrm{d}x$ において，D_t と $\int$ の順序を交換してよい．その上で (6.1) を使えば

$$D_t \|\psi(\cdot, t)\|^2 = \mathrm{i} \int_{-\infty}^{\infty} \left(\frac{\partial^2}{\partial x^2} \psi(x,t) \cdot \overline{\psi(x,t)} - \psi(x,t) \frac{\partial^2}{\partial x^2} \overline{\psi(x,t)} \right) \mathrm{d}x \tag{6.4}$$

が得られるが，右辺の第 1 項の積分は 2 回の部分積分により

$$\int_{-\infty}^{\infty} \frac{\partial^2}{\partial x^2} \psi(x,t) \cdot \overline{\psi(x,t)} \mathrm{d}x = \int_{-\infty}^{\infty} \psi(x,t) \cdot \overline{\frac{\partial^2}{\partial x^2} \psi(x,t)} \mathrm{d}x$$

と変形され，したがって (6.4) の右辺は 0 となる．ただし，定義 6.2 の (ii) により，部分積分の過程に出てくるすべての積分が絶対収束すること，および部分積分の境界項は 0 になることを用いている． ∎

注意 6.2 定理 6.1 で $\mathcal{X}$ の中に解が存在することを主張し，系 6.1 で $\mathcal{X}_1$ の中では解が一意的であることを示した．$\mathcal{X} \subset \mathcal{X}_1$ であったから，$\mathcal{X}$ では解が存在しかつ一意的である．このようなとき，考えている問題は "$\mathcal{X}$ の中に一意解を持つ" という．

(c) ξ 空間の積分方程式への転換

この項では初期値問題 (6.1) から ξ 空間における積分方程式を導く．これは，同値な方程式への変換であるが，ここでは同値性の条件を吟味していく道はとらず，積分方程式を形式的に導く．そして §6.2 でその積分方程式の解を構成し，§6.3 でその解の逆 Fourier 変換として定理 6.1 で求めている解を得るのが我々のプログラムである．

(6.1) を x について Fourier 変換する．ただし，方程式の未知関数は $\widehat{\psi}(\xi,t)$ と書く代わりに改めて $\phi(\xi,t)$ を用いる．また，$\widehat{V}$ は V の Fourier 変換とし，
$$W(\xi) = -\mathrm{i}(2\pi)^{-1/2}\widehat{V}(\xi)$$
とおく．$V \in \mathcal{S}$ だから $W \in \mathcal{S}$ である．さて，(6.1) の両辺に $-\mathrm{i}$ を掛けてから x について Fourier 変換し，(2.22) も参照すると次の方程式が出てくる．

$$\begin{cases} \dfrac{\partial}{\partial t}\phi(\xi,t) = -\mathrm{i}\xi^2 \phi(\xi,t) + \displaystyle\int_{-\infty}^{\infty} W(\xi-\eta)\phi(\eta,t)\mathrm{d}\eta \\ \phi(\xi,0) = \phi_0(\xi) \qquad \left(\phi_0 = \widehat{\varphi_0}\right). \end{cases} \quad (6.5)$$

次に，この方程式を t についても積分方程式に変換する．常微分方程式の理論でよく知られているように，初期値問題
$$\frac{\mathrm{d}}{\mathrm{d}t}u(t) = Au(t) + Bu(t), \quad u(0) = u_0$$
は積分方程式
$$u(t) = \mathrm{e}^{tA}u_0 + \int_0^t \mathrm{e}^{(t-s)A} Bu(s)\mathrm{d}s$$
と等価である．これを (6.5) に適用すると次の積分方程式が得られる．
$$\phi(\xi,t) = \mathrm{e}^{-\mathrm{i}t\xi^2}\phi_0(\xi) + \int_0^t \mathrm{e}^{-\mathrm{i}(t-s)\xi^2}\mathrm{d}s \int_{-\infty}^{\infty} W(\xi-\eta)\phi(\eta,s)\mathrm{d}\eta. \quad (6.6)$$

§6.2 積分方程式の解の構成

この節では，Banach 空間に関して，方程式 $(I-B)u = v$ が Neumann 級数を使って解けるというところまでを予備知識として使う．§6.4 に Banach 空間

§6.2 積分方程式の解の構成

の定義から始めて,必要最小限の解説を書いておくので適宜参照していただきたい.

(a) 解を構成する距離空間

積分方程式 (6.6) の解は,まず次の空間 $\mathcal{Y}$ の中で求められる.

定義 6.3 $\mathbf{R}^2$ で定義された関数 $\phi(\xi,t)$ が関数族 $\mathcal{Y}$ に属するとは,次の条件 (i), (ii) が満たされることをいう.

(i) $\phi(\xi,t)$ は ξ, t の連続関数である.

(ii) 任意の $l = 0, 1, \cdots$ と $T > 0$ に対して,定数 M_l^T が存在して[*1]
$$|\xi|^l |\phi(\xi,t)| \leq M_l^T, \qquad \forall \xi \in \mathbf{R}^1, \, \forall t \in [-T, T]. \tag{6.7}$$
□

この節で目標とするのは次の定理である.

定理 6.2 積分方程式 (6.6) は $\mathcal{Y}$ の中に一意解を持つ. □

$\mathcal{Y}$ の中で,Neumann 級数の方法ないしはそれより一般的な縮小写像の原理を使うのは難しいようなので,定理の証明には多少の段階を踏まなければならない.

定義 6.4

(i) m を負でない整数とする.定義 6.3 で条件 (6.7) が成り立つ l の範囲を $0 \leq l \leq m$ に制限してできる関数族を $\mathcal{Y}_m$ と書く.

(ii) $T > 0$ とする.$\mathcal{Y}_m$ に属する関数を,集合 $\{(\xi,t) \mid \xi \in \mathbf{R}^1, t \in [-T, T]\}$ 上に制限してできる関数全体の作る関数族を $\mathcal{Y}_{m,T}$ と書く.そして,(6.7) の定数 M_l^T を単に M_l と書く.任意の $\phi \in \mathcal{Y}_{m,T}$ に対して

$$\|\phi\|_{m,T} = \sup_{\xi \in \mathbf{R}^1, t \in [-T,T]} (1+|\xi|^m)|\phi(\xi,t)| \tag{6.8}$$

とおく. □

注意 6.3 $\phi \in \mathcal{Y}_{m,T}$ は $\|\phi\|_{m,T} < \infty$ と同値である.すなわち,$\phi \in \mathcal{Y}_{m,T} \Rightarrow \|\phi\|_{m,T} < \infty$ は明らか.一方,$0 \leq l \leq m$ のとき $|\xi|^l \leq 1 + |\xi|^m$ だから,$\|\phi\|_{m,T} < \infty \Rightarrow \phi \in \mathcal{Y}_{m,T}$ である.

命題 6.2 $\mathcal{Y}_{m,T}$ は $\| \ \|_{m,T}$ をノルムとして Banach 空間になる. □

[*1] 今まで,増大度を表す指数には m を用いてきたが,しばらく l も用いる.

[証明] 関数族 $\mathcal{Y}_{m,T}$ が線形空間であることと，$\|\ \|_{m,T}$ がノルムの性質 (6.21)〜(6.24) を満たすことは容易に分かる．完備性を証明するため，$\{\phi_k\}$ が $\mathcal{Y}_{m,T}$ の Cauchy 列であるとすると，ϕ_k および $|\xi|^m\phi_k$ が一様収束に関する Cauchy 列になる．したがって，それぞれが連続関数 ϕ および ψ に一様収束する．ここで $\psi(\xi) = |\xi|^m\phi(\xi)$ であることは直ちに分かる．一方，$\{\phi_k\}_k$ および $\{|\xi|^m\phi_k\}_k$ は一様有界だから，ϕ および $\psi = |\xi|^m\phi$ は有界である．ゆえに $\|\phi\|_{m,T} < \infty$ すなわち $\phi \in \mathcal{Y}_{m,T}$ である．また，上の一様収束から $\|\phi_k - \phi\|_{m,T} \to 0$ が従い，$\mathcal{Y}_{m,T}$ の完備性が証明された． ∎

(b) 積分方程式の解，Neumann 級数の応用

解くべき積分方程式 (6.6) の右辺の第 2 項を ϕ に対応させる作用素を B と書く．すなわち

$$(B\phi)(\xi,t) = \int_0^t e^{-i(t-s)\xi^2} ds \int_{-\infty}^\infty W(\xi-\eta)\phi(\eta,s) d\eta. \tag{6.9}$$

B は線形作用素であり，積分方程式 (6.6) は

$$(I - B)\phi = \phi_1, \qquad \phi_1(\xi,t) = e^{-it\xi^2}\phi_0(\xi) \tag{6.10}$$

と書ける．

命題 6.3 $m \geq 2$ とする．仮定 $W \in \mathcal{S}$ のもとで，B は $\mathcal{Y}_{m,T}$ における有界線形作用素であり，その作用素ノルムは評価

$$\|B\| \leq C_{W,m} T \tag{6.11}$$

を満たす．ただし，$C_{W,m} \geq 0$ は W, m のみによって定まる定数である．

[証明] 簡単のため次の記号を用いる．

$$w_0 = \sup_{\xi \in \mathbf{R}^1} |W(\xi)|,$$

$$w_m = \sup_{\xi \in \mathbf{R}^1} (1 + |\xi|^m)|W(\xi)|,$$

$$\|W\|_1 = \int_{-\infty}^\infty |W(\xi)| d\xi,$$

$$p(s;\phi) = \int_{-\infty}^\infty |\phi(\eta,s)| d\eta.$$

また，$m \geq 2$ としたから $(1 + |\eta|^m)^{-1}$ は可積分で

$$p(s;\phi) \leqq c_m \|\phi\|_{m,T}, \quad c_m = \int_{-\infty}^{\infty}(1+|\eta|)^{-m}\mathrm{d}\eta \qquad (6.12)$$

である．

さて，$\phi \in \mathcal{Y}_{m,T}$ ならば (6.9) の右辺の2重積分の被積分関数の絶対値は

$$|W(\xi-\eta)\phi(\eta,s)| \leqq w_0|\phi|_m(1+|\eta|^m)^{-1} \qquad (6.13)$$

で押さえられるから，積分は絶対収束する．さらに被積分関数の ξ, t に関する連続性と，(6.13) の右辺の形から (6.9) の右辺は ξ, t に関して連続であることが分かる．これは，微積分学の演習問題だから確かめていただきたい．

$B\phi$ のノルムを評価するため，まず関係

$$1+|\xi|^m \leqq d_m\{(1+|\xi-\eta|^m)+(1+|\eta|^m)\} \qquad (6.14)$$

が成り立つことに注意する．ここで，d_m は m だけで決まる定数である．これを使うと，

$$\begin{aligned}
&(1+|\xi|^m)|(B\phi)(\xi,t)| \\
&\leqq d_m\left|\int_0^t \mathrm{d}s\int_{-\infty}^{\infty}(1+|\xi-\eta|^m)|W(\xi-\eta)||\phi(\eta,s)|\mathrm{d}\eta\right| \\
&\quad +d_m\left|\int_0^t \mathrm{d}s\int_{-\infty}^{\infty}|W(\xi-\eta)|(1+|\eta|^m)|\phi(\eta,s)|\mathrm{d}\eta\right| \\
&\leqq d_m w_m\left|\int_0^t p(s;\phi)\mathrm{d}s\right|+d_m\|\phi\|_{m,T}\|W\|_1\left|\int_0^t \mathrm{d}s\right|. \qquad (6.15)
\end{aligned}$$

右辺の第1項は，(6.12) により $d_m c_m w_m T\|\phi\|_{m,T}$ を超えない．また，第2項は $d_m\|W\|_1 T\|\phi\|_{m,T}$ を超えない．ゆえに，右辺 $\leqq C_{W,m} T\|\phi\|_{m,T}$ という形の評価が成り立つ．

(6.15) の左辺で ξ, t について sup をとれば $\|B\phi\|_{m,T} \leqq C_{W,m}T\|\phi\|_{m,T}$ が得られる．以上により B が $\mathcal{Y}_{m,T}$ における有界作用素であり，ノルム評価 (6.11) が成り立つことが示された． ∎

命題 6.4 W と m のみによって決まる $T_0 > 0$ が存在して，積分方程式 (6.6) は $\mathcal{Y}_{m,T_0}$ の中に一意解を持つ．

［証明］(6.6) は (6.10) という形である．ここで，$\phi_0 \in \mathcal{S}$ だから $\phi_1 \in \mathcal{Y}_{m,T}$ である．一方，B は $\mathcal{Y}_{m,T}$ における作用素として (6.11) の評価を満たすから，T_0 を $C_{W,m}T_0 < 1$ であるようにとって Neumann 級数の方法 (定理 6.4) を適用

すれば命題の結論が導かれる．∎

(c) 積分方程式の解，一意性と解の延長

命題 6.5 積分方程式 (6.6) は $\mathcal{Y}_m$ の中に一意解を持つ．

[証明] ξ, t の関数 $\phi(\xi, t)$ は，各 t において ξ の関数を定める．そう考えるとき $\phi(\xi, t) = \phi_t(\xi)$ と書く．(記号 ϕ_0 はすでに初期関数として (6.5) の中で使っていたが，新たな定義はこれと整合している．) また，W との合成積を作るという ξ 空間での作用素を Z と書く．すなわち $(Zu)(\xi) = \int_{-\infty}^{\infty} W(\xi - \eta) u(\eta) d\eta$. これらの記号を使うと (6.6) は次のように書ける．

$$\phi_t(\xi) = e^{-it\xi^2} \phi_0(\xi) + \int_0^t e^{-i(t-s)\xi^2} (Z\phi_s)(\xi) ds. \tag{6.16}$$

一意性の証明．二つの解の差を $\varphi_t(\xi)$ と書くと，φ_t は

$$\varphi_t(\xi) = \int_0^t e^{-i(t-s)\xi^2} (Z\varphi_s)(\xi) ds, \qquad \varphi_0(\xi) = 0 \tag{6.17}$$

を満たす．いま，$\varphi_t(\xi) \not\equiv 0$ であるような t の集合を Ω とする．Ω は 0 を含まない開集合である．Ω が空でないとし，仮に正の点を含んだとしよう．(負の点を含む場合も証明は同様．) $t_0 = \inf \Omega$ とおくと，$0 \leq t \leq t_0$ のとき $\varphi_t(\xi) \equiv 0$ だから，(6.17) の右辺の積分の下限は t_0 にしてよい．t_0 を t の原点と考えれば (あるいは $t - t_0 = \tau$ と変数変換すれば)，(6.17) の右辺は (6.9) で $B\varphi$ と書いたものに当たる．そこで t_0 を原点として関数族 $\mathcal{Y}_{m,T}$ に当たるものを考え，そのノルムを $\| \ \|_{m,T}$ と書くと，(6.17) から $\|\varphi\|_{m,T} \leq \|B\| \|\varphi\|_{m,T}$ が得られる．ところが，$\|B\|$ に対して (6.11) の評価が成り立っていたから，十分小さい $T > 0$ に対しては $\|B\| < 1$, したがって $\|\varphi\|_{m,T} = 0$ となる．これは，$\varphi_t(\xi) \equiv 0$, $t_0 - T \leq t \leq t_0 + T$ を意味し，t_0 の定義と矛盾する．ゆえに，Ω は空集合であり，一意性が示された．

解の存在の証明．T_0 を命題 6.4 で定めたものとすれば，$\mathcal{Y}_{m,T_0}$ の中に一意解 $\phi_t(\xi)$ がある．この解が，$t > 0$ の方向にどこまでも延長できることを示そう．

$0 < \tau < T_0$ であるような τ を一つ固定する．τ を t の原点，$\phi_\tau(\xi)$ を初期関数と考えれば，命題 6.4 により $\tau - T_0 \leq t \leq \tau + T_0$ の範囲の解が作れる．それを $\tilde{\phi}_t(\xi)$ としよう．(ここで，T_0 が W, m だけで決まり，初期関数によらないこと

が大切である.) $\widetilde{\phi}_t(\xi)$ は次の方程式を満たす.

$$\widetilde{\phi}_t(\xi) = e^{-i(t-\tau)\xi^2}\phi_\tau(\xi) + \int_\tau^t e^{-i(t-s)\xi^2}(Z\widetilde{\phi}_s)(\xi)ds. \tag{6.18}$$

ここで，(6.18) の右辺の $\phi_\tau(\xi)$ に (6.16) で t を τ に変えたものを代入すると次の式が出てくる.

$$\widetilde{\phi}_t(\xi) = e^{-it\xi^2}\phi_0(\xi)$$
$$+ \int_0^\tau e^{-i(t-s)\xi^2}(Z\phi_s)(\xi)ds + \int_\tau^t e^{-i(t-s)\xi^2}(Z\widetilde{\phi}_s)(\xi)ds.$$

この式は次のことを示す．$\phi_t(\xi)$ の定義を変更して，$t \in [-T_0, \tau]$ のときはもとの $\phi_t(\xi)$ そのもの，$t \in [\tau, \tau+T_0]$ のときは $\widetilde{\phi}_t(\xi)$ に等しいと定義しなおすと，新しい $\phi_t(\xi)$ は $[-T_0, \tau+T_0]$ の範囲全体で (6.16) を満たす ($[-T_0, \tau]$ では既知で $[\tau, \tau+T_0]$ では上の式)．こうして，解は $\tau+T_0$ まで延長された．

次に 2τ を t の原点と思って，上の操作を繰り返せば ($2\tau < \tau+T_0$ に注意)，解は $2\tau+T_0$ まで延長される．これを繰り返して，解をどこまでも延長できる．$t < 0$ の方向への延長も同様にしてできる．こうしてできた解が $\mathcal{Y}_m$ に属することは明らかである． ∎

[定理 6.2 の証明] 一意性の証明．ϕ が $\mathcal{Y}$ の中の解ならば，$\mathcal{Y}_m$ の中の解であることは明らかだから，$\mathcal{Y}_m$ の中の解の一意性により $\mathcal{Y}$ の中でも解は一意的である.

存在の証明．任意の $m \geqq 2$ に対して，解 $\phi^{(m)}$ を作る．$m' > m$ ならば $\mathcal{Y}_{m'} \subset \mathcal{Y}_m$ だから，$\mathcal{Y}_{m'}$ の中の解 $\phi^{(m')}$ は $\mathcal{Y}_m$ のなかの解でもある．ゆえに，$\mathcal{Y}_m$ における解の一意性により $\phi^{(m)} = \phi^{(m')}$ である．これにより，$\phi^{(m)}$ は実はすべて一致して，それが $\mathcal{Y}$ の中での解になっていることが分かる． ∎

§6.3 存在定理の証明

空間 $\mathcal{X}$ の定義 (定義 6.1) で，関数の変数は (x, t) と書かれているが，これは (ξ, t) でも構わない．元来，変数をなんと書くかは空間の定義にまったく関係ないから，つねに一つの記号 $\mathcal{X}$ を用いればよいのだが，これからの説明を分かりやすくするため，記号の区別をして，(x, t) を変数とする関数に対しては $\mathcal{X}_x$,

(ξ, t) を変数とする関数に対しては $\mathcal{X}_\xi$ と書くことにする．前節で積分方程式の解を構成した空間 $\mathcal{Y}$ は (ξ, t) を変数とする関数に対してしか用いないが，記号の統一上，これも $\mathcal{Y}_\xi$ と書くことにする．明らかに，

$$\mathcal{X}_\xi = \{\phi \in C^\infty \mid D_t{}^j D_\xi{}^k \phi \in \mathcal{Y}_\xi,\ j, k = 0, 1, \cdots\} \subset \mathcal{Y}_\xi \tag{6.19}$$

が成り立つ．また，$\mathcal{Y}_\xi$ の関数に ξ の多項式を掛けた関数はやはり $\mathcal{Y}_\xi$ に入ることに注意しておこう．

$\psi \in \mathcal{X}_x$ で t を固定して $\psi(x, t)$ を x の関数とみれば，それは $\mathcal{S}(\mathbf{R}^1)$ に属する．それを x に関して Fourier 変換してできる関数を $\widehat{\psi}(\xi, t)$ と書いて，ψ の Fourier 変換と呼ぶ．ϕ の逆 Fourier 変換 $\widetilde{\phi}$ も同様に定義する．

次の二つの命題が成り立つ．

命題 6.6 $\phi \in \mathcal{Y}_\xi$ が積分方程式 (6.6) の解ならば，ϕ は (6.5) の解であり，かつ $\phi \in \mathcal{X}_\xi$ である． □

命題 6.7 $\mathcal{X}_x$ と $\mathcal{X}_\xi$ は Fourier 変換，逆 Fourier 変換でたがいに移り変わる： $\mathcal{F}\mathcal{X}_x = \mathcal{X}_\xi$, $\mathcal{F}^*\mathcal{X}_\xi = \mathcal{X}_x$． □

これらの命題をひとまず認めて，存在定理を証明しよう．

[定理 6.1 の証明] 定理 6.2 と命題 6.6 により，(6.5) は，$\mathcal{X}_\xi$ に属する解 $\phi(\xi, t)$ をもつ．これを逆 Fourier 変換して，$\psi(x, t) = \widetilde{\phi}(x, t)$ とおく．命題 6.7 により，ψ は $\mathcal{X}_x$ に属する．あとは，(6.5) を逆 Fourier 変換すれば (6.1) が出てくることを見ればよい．初期条件については明らか．方程式の左辺では，$\phi \in \mathcal{X}_\xi$ から $\mathcal{F}^* D_t \phi = D_t \mathcal{F}^* \phi$ が従うことに注意すればよく，右辺は t を固定して $\mathcal{S}(\mathbf{R}^1)$ 上で逆 Fourier 変換をするのだから，問題はない． ∎

残るは上の二つの命題の証明だけである．

[命題 6.6 の証明] 第 1 段．ϕ は t で偏微分可能で (6.5) を満たすことを証明する．(6.5) の第 2 式は明らか．次に，(6.6) の右辺の η に関する積分を $q(\xi, s)$ と書こう．$\phi \in \mathcal{X}_\xi$ だから $\phi(\eta, s)$ は連続かつ s が有界な範囲内にあるとき有界である．これと W が急減少であることから，$q(\xi, s)$ は ξ, s の連続関数であることが従う．しからば，微分積分学で周知のように，$\phi(\xi, t)$ は t で微分可能で，(6.5) の第 1 式を満たす．

第 2 段．$\phi(\xi, t)$ は ξ で何回でも偏微分可能で，$D_\xi{}^k \phi \in \mathcal{Y}_\xi$ であることを証明する．ϕ の偏導関数は，ある $h_k, W_{k,l} \in \mathcal{S}$ と多項式 $P_{k,l}$ によって

§6.3 存在定理の証明

$$D_\xi{}^k \phi(\xi, t) = h_k(\xi) + \sum_{l=0}^{k} P_{k,l}(\xi) \int_0^t \mathrm{e}^{-\mathrm{i}(t-s)\xi^2} \mathrm{d}s \int_{-\infty}^{\infty} W_{k,l}(\xi-\eta) \phi(\eta, s) \mathrm{d}\eta.$$
(6.20)

と表される.実際,$k = 0$ ならばこれは (6.6) であり,一般には上式の右辺が ξ で微分可能で,微分すると同じ形で表されることを見て,帰納法を用いればよい(演習問題 6.1).(6.20) の右辺の中の 2 重積分は,(6.9) の右辺と同じ形である.しかも,$\phi \in \mathcal{Y}_\xi$ だから,命題 6.3 により $\mathcal{Y}_\xi$ に属する (m, T は任意にとれることに注意).それに多項式を掛けてもやはり $\mathcal{Y}_\xi$ に属するから,(6.20) の右辺の和の項は $\mathcal{Y}_\xi$ に属する.右辺の第 1 項が $\mathcal{Y}_\xi$ に属することは明らかだから,$D_\xi{}^k \phi \in \mathcal{Y}_\xi$ が示された.

第 3 段.証明の完結.第 1 段により,ϕ は (6.5) を満たす.その両辺を ξ で k 回微分すれば

$$D_t D_\xi{}^k \phi(\xi, t) = -\mathrm{i} D_\xi{}^k \left(\xi^2 \phi(\xi, t) \right) + \int_{-\infty}^{\infty} W^{(k)}(\xi-\eta) \phi(\eta, t) \mathrm{d}\eta$$

が得られる.右辺の第 1 項が $\mathcal{Y}_\xi$ に属することが第 2 段から分かる.一方,右辺第 2 項については,(6.14) を用いて (6.15) のようにすれば,これも $\mathcal{Y}_\xi$ に属することが分かる.以上で,$D_t D_\xi{}^k \phi \in \mathcal{Y}_\xi$ が示された.

次に,(6.5) の第 1 式を t で微分する.そのとき,右辺第 2 項では,微分を積分の中に入れてよく,

$$D_t{}^2 \phi(\xi, t) = -\mathrm{i} \xi^2 D_t \phi(\xi, t) + \int_{-\infty}^{\infty} W(\xi-\eta) D_t \phi(\eta, t) \mathrm{d}\eta$$

が得られる.これから,上と同様にして $D_t{}^2 D_\xi{}^k \in \mathcal{Y}_\xi$ が出る.この議論を繰り返せば,$D_t{}^j D_\xi{}^k \in \mathcal{Y}_\xi$, $j, k = 0, 1, \cdots$, したがって,(6.19) により $\phi \in \mathcal{X}_\xi$ であることが示される.∎

[命題 6.7 の証明] Fourier 変換で,微分演算と座標を掛ける演算が入れ替わる.入れ替えておいてから,$|\hat{\phi}(\xi)| \leq c \int_{-\infty}^{\infty} |\phi(x)| \mathrm{d}x$ と高階の積の微分に関する Leibniz の公式を使えばよい.詳細な検討は読者に任せる (演習問題 6.2).∎

§6.4 Banach 空間についてのまとめ

(a) Banach 空間

Banach 空間とは何かを Hilbert 空間と対比して一口でいえば，ノルムを備えているが内積を備えているとは限らない完備な空間，といえる．量子力学の数理で，物理系の状態を表すには Hilbert 空間で足りるが，作用素を論じるときには Banach 空間が必要になる．

線形空間 $\mathcal{X}$ の任意の要素 u に対して，u の**ノルム**と呼ばれる実数 $\|u\|$ が定まっていて，性質

$$\|u\| \geqq 0, \tag{6.21}$$

$$\|u\| = 0 \iff u = 0, \tag{6.22}$$

$$\|\alpha u\| = |\alpha|\,\|u\|, \tag{6.23}$$

$$\|u + v\| \leqq \|u\| + \|v\| \tag{6.24}$$

が満たされているとき，$\mathcal{X}$ は**ノルム空間**であるという．

ノルム空間 $\mathcal{X}$ は $\|u - v\|$ を u と v の距離として距離空間になる．$\mathcal{X}$ における収束はこの距離による．すなわち，$\mathcal{X}$ において

$$u_n \to u \iff \|u_n - u\| \to 0.$$

ノルム空間 $\mathcal{X}$ が距離空間として完備であるとき，すなわち $\mathcal{X}$ のすべての Cauchy 列が収束列であるとき，$\mathcal{X}$ は **Banach 空間**であるという．

例 6.1 $C[a,b]$ (例 2.1 参照) は $\|f\| = \sup\limits_{a \leqq x \leqq b} |f(x)|$ をノルムとして Banach 空間になる．このノルムによる収束は，$[a,b]$ 上での一様収束と同義であり，完備性の証明は，連続関数の一様収束極限はまた連続である，という定理による．このノルムを，f の sup ノルムという．一方，内積 (2.2) から導かれるノルムを f の L^2 ノルムという．これらは，異なるノルムである．有界区間 $[a,b]$ においては，関数列が sup ノルムで収束すれば，L^2 ノルムでも収束するが，逆は真ではない (演習問題 6.3)． □

Banach 空間の要素 u_n を項とする級数 $\sum\limits_{n=1}^{\infty} u_n$ の収束は普通の級数と同じく，N までの有限和のノルムによる極限として定義される (§2.1 (a))．

(b) 有界線形作用素，Neumann 級数の方法

線形作用素とその有界性の定義は §2.1(b) と同様である．(2.4), (2.5) 参照．この章では，ある Banach 空間 $\mathcal{X}$ 全体で定義され，同じ $\mathcal{X}$ の中に値をとる有界線形作用素のみを考える．そのような作用素の全体を $\mathcal{L}(\mathcal{X})$ で表す．作用素のノルムの定義も §2.1(b) と同様であるが，次のように書いてもよい：

$$\|T\| = \sup_{0 \neq u \in \mathcal{X}} \frac{\|Tu\|}{\|u\|}. \tag{6.25}$$

定理 6.3 $\mathcal{X}$ を Banach 空間とする．そのとき $\mathcal{L}(\mathcal{X})$ は (6.25) をノルムとして Banach 空間になる． □

証明は関数解析のどの教科書にも出ている (演習問題 6.4 のヒント参照)．

$T, S \in \mathcal{L}(\mathcal{X})$ の積 TS は，$TSu = T(Su), \forall u \in \mathcal{X}$ によって定義される．このとき，

$$TS \in \mathcal{L}(\mathcal{X}), \qquad \|TS\| \leq \|T\|\,\|S\|$$

が成り立つことは明らかであろう．また，$T^2 = TT$ などの記号は慣用の通り．

$T, S \in \mathcal{L}(\mathcal{X})$ が $TS = ST = I$ (I は $\mathcal{X}$ における恒等作用素 $Iu = u$) を満たすとき，T, S はたがいに他の**逆作用素**であるといい，$S = T^{-1}, T = S^{-1}$ と書く．

§6.2 で用いた Neumann 級数の方法は次のように述べられる．

定理 6.4 $\mathcal{X}$ を Banach 空間，$T \in \mathcal{L}(\mathcal{X})$ とし，$\|T\| < 1$ と仮定する．
(i) 級数 $\sum\limits_{n=0}^{\infty} T^n$ は $\mathcal{L}(\mathcal{X})$ で収束して $I - T$ の逆作用素になる．
(ii) 任意の $v \in \mathcal{X}$ に対して，方程式 $u - Tu = v$ は一意解 $u \in \mathcal{X}$ を持つ．u は無限級数

$$u = \sum_{n=0}^{\infty} T^n v$$

で与えられる．

[証明] (ii) は (i) の言い換えである．(i) を示すために $S_N = \sum\limits_{n=0}^{N} T^n$ とおく．$M < N$ とすると

$$\|S_N - S_M\| \leq \sum_{n=M+1}^{N} \|T^n\| \leq \sum_{n=M+1}^{N} \|T\|^n \to 0, \quad M \to \infty.$$

ゆえに，$\{S_N\}$ は $\mathcal{L}(\mathcal{X})$ の Cauchy 列をなす．$\mathcal{L}(\mathcal{X})$ は完備だから (定理 6.3)，

S_N は $\mathcal{L}(\mathcal{X})$ で極限 S を持つ：$\|S_N - S\| \to 0$. $(I - T)S_N = I - T^{N+1}$ だから，$n \to \infty$ として，$(I - T)S = I$. $S(I - T) = I$ も同様. ∎

演習問題

6.1 (6.20) を確かめよ.

6.2 命題 6.7 の証明を詳しく述べよ.

6.3 閉区間 $[a, b]$ 上の連続関数列 $\{f_n(x)\}$ で，L^2 ノルムでは収束するが，sup ノルムでは収束しないような例をあげよ.

6.4 定理 6.3 を証明せよ. [ヒント：T_n が $\mathcal{L}(\mathcal{X})$ の Cauchy 列なら，$T_n u$ が $\mathcal{X}$ の Cauchy 列になり，$Tu = \lim T_n u$ で T が定まる. 後は，$T \in \mathcal{L}(\mathcal{X}), \|T_n - T\| \to 0$ を順次にいえばよい.]

6.5 (6.1) で $\varphi_0 \in \mathcal{S}$ とし，$-i\nabla = p, x = q$ とも書く. また

$$\langle q \rangle(t) = \int_{\mathbf{R}^3} x|\psi(x, t)|^2 \mathrm{d}x,$$

$$\langle p \rangle(t) = \int_{\mathbf{R}^3} (-i\nabla)\psi(x, t) \cdot \overline{\psi(x, t)} \mathrm{d}x,$$

$$\langle \nabla V \rangle(t) = \int_{\mathbf{R}^3} V(x)|\psi(x, t)|^2 \mathrm{d}x,$$

とおく.

(i) $\dfrac{\mathrm{d}}{\mathrm{d}t}\langle q \rangle(t) = i([p^2, q]\psi(\cdot, t), \psi(\cdot, t))$ を示せ.

(ii) (Ehrenfest の定理)

$$\begin{cases} \dfrac{\mathrm{d}}{\mathrm{d}t}\langle q \rangle(t) = 2\langle p \rangle(t) \\ \dfrac{\mathrm{d}}{\mathrm{d}t}\langle p \rangle(t) = -\langle \nabla V \rangle(t) \end{cases}$$

を示せ. $m = 1/2$ であることに注意して，これを Hamilton の方程式と比較せよ.

[ヒント：抽象的な Schrödinger 方程式 $i\dfrac{\mathrm{d}}{\mathrm{d}t}\psi(t) = H\psi(t)(H^* = H)$ に対して，$\dfrac{\mathrm{d}}{\mathrm{d}t}(A\psi(t), \psi(t)) = i([H, A]\psi(t), \psi(t))$ となることを示し，それを応用する.]

付録A 漸近自由解と波動作用素，散乱作用素

この付録では，まえがきに述べた趣旨で，数学的散乱理論の簡単な解説をする．散乱とは，$|x| \to \infty$ のとき $V(x) \to 0$ となるようなポテンシャルを持つ Schrödinger 方程式の解に対して起こる現象である．主題は，(i) 散乱解といわれる解の $t \to \pm\infty$ での漸近挙動の解析，とそれを通じての (ii) Schrödinger 作用素のスペクトルの構造の解析，でありあるいは逆に (ii) を通じての (i) の研究である．この付録では，(i) についての手短かな導入を試みる．一般的なお話と並んで，§3.2 で調べた方法を応用して定理 A.2 を証明するのも一つの目標である．

§A.1 波動作用素

自由粒子およびポテンシャル $V(x)$ を持つ場合のハミルトニアンをそれぞれ
$$H_0 = -\triangle, \qquad H_1 = H_0 + V = -\triangle + V$$
と書き，Schrödinger 方程式 $i\partial_t \psi = H_0 \psi$，および $i\partial_t \psi = H_1 \psi$ を解いて定まる発展作用素をそれぞれ $U_0(t), U_1(t)$ とする．$U_k(t) = e^{-itH_k}$ と書いてもよい．$U_0(t)$ は第3章で $U(t)$ と書いたものである．$U_1(t)$ に対しても (3.16) が成り立つ．便宜上，$U_0(t)\varphi_0$ を自由運動，$U_1(t)\varphi_1$ をポテンシャル下での運動と呼ぶことにしよう．以下，ノルムはすべて L^2 ノルムであるとする．

この章では，ポテンシャルは遠方で0に近づくものとする：$V(x) \to 0, |x| \to \infty$．井戸型ポテンシャルや Coulomb ポテンシャルがその例である．量子力学の教科書に書いてあるように，これらのポテンシャルを持つハミルトニアン $-\triangle + V$ は負の固有値と $[0, \infty)$ にわたる連続スペクトルをもつ．(6.1) で初期波束 φ_0 が H の固有関数である場合には，解は $\psi(x, t) = ce^{-itE}\varphi_0(x)$ という形だから，ψ が無限遠方へ拡散することはない．しかし，φ_0 が連続スペクトル成分のみを持つときは，解は無限遠方へ拡散していくであろう．そのとき，$V(x)$

がある程度速く 0 に近づいているならば，解 $\psi(x,t)$ は漸近的に自由粒子の解のように振舞うのではないかと予想される．

φ_1 を初期波束とするポテンシャル下での運動が，$t \to \infty$ のとき φ_0 を初期波束とする自由運動に漸近するとは

$$\|U_0(t)\varphi_0 - U_1(t)\varphi_1\| \to 0, \qquad t \to \infty \tag{A.1}$$

が成り立つことをいう．$U_1(t)$ はユニタリだから，(A.1) は

$$\lim_{t\to\infty} U_1(t)^{-1}U_0(t)\varphi_0 = \lim_{t\to\infty} U_1(-t)U_0(t)\varphi_0 = \varphi_1 \tag{A.2}$$

と同値である．すべての自由運動に対して，$t \to \infty$ でそれに漸近するポテンシャル下での運動が存在するとき，すなわち，すべての φ_0 に対して (A.2) の極限が存在するとき，$\varphi_1 = W_+(H_1, H_0)\varphi_0$ と書き，$W_+(H_1, H_0)$ を**波動作用素** (wave operator) という．$W_-(H_1, H_0)$ は $t \to \infty$ を $t \to -\infty$ に変えて，同様に定義される．以上をまとめて，作用素の記号では

$$W_\pm(H_1, H_0) = \operatorname*{s-lim}_{t\to\pm\infty} U_1(-t)U_0(t)$$

と書く．s-lim は，すべての φ_0 に対して (A.2) の左辺の極限が存在することを表す記号で，作用素の強極限と呼ばれる．

$W_\pm$ が共に存在するとき，**散乱作用素** S が

$$S = W_+(H_1, H_0)^* W_-(H_1, H_0)$$

と定義される．波動作用素，散乱作用素は数学的散乱理論の主役となる作用素である．

次の定理は波動作用素が存在する十分条件を与える．

定理 A.1 L^2 で稠密なある $\mathcal{D}$ に属するすべての φ_0 に対して

$$\int_0^\infty \|VU_0(t)\varphi_0\|\mathrm{d}t < \infty \tag{A.3}$$

ならば，$W_\pm(H_1, H_0)$ が存在する． □

この定理を証明するには，$W(t) = U_1(-t)U_0(t)$ とおいて，形式的には容易に納得できる関係

$$\{W(t) - W(s)\}\varphi_0 = \int_s^t \frac{\mathrm{d}}{\mathrm{d}r} W(r)\varphi_0 \mathrm{d}r = \mathrm{i}\int_s^t U_1(-r)VU_0(r)\varphi_0 \mathrm{d}r$$

と，L^2における稠密性の原理を用いればよい．詳細は省略する．

ここまでの議論は，Schrödinger 方程式を離れて，抽象的な作用素に対する理論として展開することができるがそれは専門書にゆずり，次節では定理 A.1 を応用して得られる V に対する十分条件を検討しよう．

§A.2 短距離型ポテンシャルと波動作用素の存在

$|V(x)| = O(|x|^{1+\varepsilon})$, $|x| \to \infty$, $\varepsilon > 0$ を満たすポテンシャルを**短距離型** (short-range) であるという．$V(x)$ が短距離型ならば波動作用素が存在することは，数学的散乱理論の初期に証明されたことであるが[*1]，ここでは§3.2 で調べた解の漸近的性質を使って，これを証明してみよう．定理 A.1 により，次の定理を示せば十分である．

定理 A.2 ポテンシャル $V(x)$ は，ある $\varepsilon > 0$ によって条件

$$|V(x)| \leq \frac{c}{(1+|x|)^{1+\varepsilon}} \tag{A.4}$$

を満たすとする．そのとき，Fourier 変換 $\widehat{\varphi}_0$ が原点のある近傍で 0 になるような任意の $\varphi_0 \in \mathcal{S}$ に対して (A.3) が成り立つ．

[証明] §3.2 (c) の結果を使って証明する．ただし，今は $m = 1/2, \hbar = 1$ としている．$\delta > 0$ を $|\xi| \leq \delta/2$ ならば $\widehat{\varphi}_0(\xi) = 0$ であるようにとり，$K = \{x \mid |x| > \delta/2\}$ とおく．K^c 上で $\widehat{\varphi}_0(\xi) = 0$ だから，$K(t) = \{x \mid |x| > t\delta\}$ が古典許容領域になる．次に，η を $1 < \eta < 1+\varepsilon$ を満たすようにとって $D(t) = \{x \mid |x| < t^{1/\eta}\delta\}$ とおく．集合 D 上での u の L^2 ノルムを $\|u\|_D$ と書くと，(A.3) を証明するには，

$$\int_0^\infty \|VU_0(t)\varphi_0\|_{D(t)^c} dt < \infty, \quad \int_0^\infty \|VU_0(t)\varphi_0\|_{D(t)} dt < \infty \tag{A.5}$$

を証明すれば十分である．

(A.5) の第 1 式の証明．(A.4) により $D(t)^c$ 上では $|V(x)| \leq c(1+t^{1/\eta}\delta)^{-(1+\varepsilon)}$ だから，$D(t)^c$ 上で $\|VU_0(t)\varphi_0\|_{D(t)^c} \leq c\|\varphi_0\|(1+t^{1/\eta}\delta)^{-(1+\varepsilon)}$ が成り立つ．こ

[*1] S. T. Kuroda, On the existence and the unitary property of the scattering operator, Nuovo Cimento, **12** (1959), 431–454.

こで, $(1+\varepsilon)/\eta > 1$ だから, 右辺は t の関数として $(0, \infty)$ で可積分であり, (A.5) の第 1 式が示された.

(A.5) の第 2 式の証明. $U_0(t)\varphi_0$ は漸近項 $\psi_a(x, t)$ ((3.31) 参照) と誤差項 $R(t)\varphi_0$ ((3.27) 参照) の和に書けることを使う. $D(t) \subset K(t)^c$ だから, $D(t)$ 上で $\psi_a = 0$ である (定理 3.6 の証明参照). また, $V(x)$ は有界だから, 結局, $\|R(t)\varphi_0\|_{D(t)}$ が可積分であることをいえばよい. ゆえに (3.36) により

$$\|R(t)\varphi_0\|_{D(t)} \leqq ct^{-5/2}|D(t)|^{1/2} \qquad (A.6)$$

が成り立つことが分かる. $|D(t)|^{1/2} = ct^{3/2\eta}$ で $\eta > 1$ だから $-5/2 + 3/2\eta < -1$, したがって, (A.6) の右辺は可積分である. ∎

§A.3 波動作用素の完全性と数学的散乱理論

波動作用素が存在するとは, 任意の自由運動に対してそれに漸近するポテンシャル下の運動が存在することであった. 逆に, ポテンシャル下の運動で自由運動に漸近するのはどのようなものであろうか. 前に述べたように, 初期波束 φ_1 が H の固有関数の線形結合であれば, $U_1(t)\varphi_1$ が無限遠方へ拡散することはなく, 自由運動に漸近することもない.

今, H のすべての固有関数に直交する φ_1 の全体を $\mathcal{M}$ とし, $\mathcal{M}$ への射影作用素を P とする[*2]. 任意の $\varphi_1 \in \mathcal{M}$ を初期波束とするポテンシャル下での運動が自由運動に漸近するとき, すなわち任意の $\varphi_1 \in \mathcal{M}$ に対して, (A.1) を満たすような φ_0 が存在するとき, 波動作用素 W_+ は (強い意味で) **完全**であるという. このとき (A.1) は

$$\lim_{t \to \infty} U_0(t)^{-1} U_1(t)\varphi_1 = \varphi_0$$

と同値である. したがって, 波動作用素が完全であることは逆向きの波動作用素

$$W_+(H_0, H_1) = \underset{t \to \infty}{\text{s-lim}}\, U_0(-t) U_1(t) P$$

[*2] 任意の φ は $\mathcal{M}$ に属する φ_1 と $\mathcal{M}$ の直交補空間 $\mathcal{M}^\perp$ に属する φ_2 の和に一意的に分解される: $\varphi = \varphi_1 + \varphi_2, \varphi_1 \in \mathcal{M}, \varphi_2 \in \mathcal{M}^\perp$. このとき $P\varphi = \varphi_1$ で定まる P を $\mathcal{M}$ への射影作用素という.

§A.3 波動作用素の完全性と数学的散乱理論

が存在することであるといえる．波動作用素の完全性の証明は，存在の証明に比べればずっと難しい．いくつかの段階を経て，最終的に仮定 (A.4) のもとで完全性が成り立つことが証明された[*3]．

$W_\pm(H_1, H_0)$ が共に完全であれば，散乱作用素 S はユニタリになり，それは H_0 と可換である．したがって，§5.2 (a) の最後のところで述べたようにして，散乱行列 $\mathcal{S}(\lambda)$ が定まる．

Coulomb ポテンシャル $V(x) = c|x|^{-1}$ は (A.4) を満たさない．実は，Coulomb ポテンシャル下での運動の漸近状態は自由運動ではなく，自由運動を少し変形した運動である[*4]．一般に $V(x) \to 0, |x| \to \infty$ であるが必ずしも (A.4) を満たさないポテンシャルを**遠距離型** (long-range) であるという．遠距離型の問題は，短距離型に引き続いて研究された．

これまで扱ってきたのは，重心運動を分離した2体問題のハミルトニアンであるが，3体問題，多体問題となると問題は格段に難しくなる．数学的散乱理論は，短距離型2体問題の完全性の研究に始まって，遠距離型2体問題，多体問題と発展してきた．特に，最近10年くらいの間の，2体力が遠距離型である場合も含む多体問題の進展は著しい．

以上，波動作用素の完全性を中心にして述べてきたのは，ある時期までこれが理論の牽引力の役を果たしたからであって，数学的散乱理論，Schrödinger 作用素のスペクトル理論に話を限っても，この他に述べるべき問題は多々ある．特に，固有値分布や散乱行列の漸近的性質の研究を挙げておく．また研究の対象となる系も，磁場を含む場合，周期ポテンシャル，相対論的 Dirac の方程式，などなど多様である．

本書ではほんの入門的なことしか書けなかったが，本書によってこの方面に興味を持たれた読者は，巻末に挙げた参考書でさらに学んでいただきたい．

[*3] T. Kato, Some results on potential scattering, Proc. Intern. Conf. on Functional Analysis and Related Topics (Tokyo, 1969), Univ. Tokyo Press, 1970, 206-215.
S. Agmon, Spectral properties of Schrödinger operators and scattering theory, Ann. Scuola Norm. Sup. Pisa, Ser. IV **2** (1975), 151-218.
[*4] このことは古典力学でも成り立つ．それについては参考書 [16] の§4.1 (b) 参照．

付録B 水素原子の固有値問題

　量子力学が，その初期において，数学的な厳密解の形で水素原子のスペクトルに関する観測事実を解明したことは，ニュートン力学が数学的な厳密解の形で惑星運動を解明したことと並ぶ画期的な出来事であったと言えよう．一方，「量子物理の数理」の立場では，水素原子の固有値問題は，第4章で考察した調和振動子の固有値問題と並んで，固有値，固有値問題が厳密に解ける実例として双璧をなす．本書の講座版では，頁数や時間的な制約により水素原子の固有値問題を扱えなかったのが心残りであったが，単行本化の機会に，この付録を設けて水素原子の固有値問題の解説を試みる．

　これらの固有値問題を扱う方法には，大きく分けてベキ級数展開によって係数を合わせていく方法と，第4章で紹介した昇降演算子による，言わば代数的な方法がある．この付録では，第4章を受けて，昇降演算子を使って固有値，固有空間を求めていく方法を紹介する[*1]．はじめに，全体的な注意をしておく．

1. 調和振動子は1次元の問題であるが，水素原子は3次元空間に陽子と電子がある6次元の問題である．それを重心座標の分離によって3次元の問題にし，さらに極座標による変数分離によって1次元化する．このうち重心座標の分離についてはその概要を述べるが，極座標による変数分離については，紙数の関係で§B.2で結果のみを述べるに留めた．この付録の主要部は§B.3以下である．

2. 調和振動子の固有値問題は，Schwartz空間$\mathcal{S}$の上で議論することができたので，Hilbert空間の作用素論に付きまとう作用素の定義域の問題にほとんど触れないで議論できた．水素原子の場合には$\mathcal{S}$のような都合のいい空間はなさそうである．といって定義域の問題にまともに触れるのは本書のレベルを越え

　[*1] この方法が書かれている邦書として，参考書[4]，および小谷正雄，量子力学I，岩波全書，1951，を挙げておく．[4]などによればこの方法の元祖はL. InfeldさらにはE. Schrödingerまで遡る．

る．この付録では，定義域の問題はあいまいにした形で議論を進めることにする（多少の解説は挟む）．したがって，議論は第4章に比べるとやや形式的にならざるを得ない．どちらの場合も，Hilbert 空間 L^2 における固有値問題なのであるが，調和振動子の場合には，$\mathcal{S}$ が固有関数をすべて収容してくれるので $\mathcal{S}$ の中で議論できたが，水素原子の場合は，そういう都合のいい空間が手軽には見つからない，というわけである．

§B.1 水素原子のハミルトニアン

水素原子は，質量 m_1，電荷 $-e$ の電子が，質量 m_2，電荷 e の陽子のまわりを運動する系である．古典力学の描像では，電子の位置を x_1，陽子の位置を x_2 とするとき，陽子と電子の間には Coulomb 力 $e^2/|x_1-x_2|^2$ が働く．これは引力であり，この力を引き起こすポテンシャルは，$x_1-x_2=y$ と書いて $-e^2/|y|$ で与えられる．

量子力学の定式化では，水素原子のハミルトニアン H は，x_1,x_2 を合わせた6次元空間上の関数 $\psi(x_1,x_2)$ に作用する微分作用素で，

$$H = -\frac{\hbar^2}{2m_1}\triangle_{x_1} - \frac{\hbar^2}{2m_2}\triangle_{x_2} - \frac{e^2}{|x_1-x_2|} \tag{B.1}$$

で与えられる．ただし $\triangle_{x_1}, \triangle_{x_2}$ は，変数 x_1, x_2 に関するラプラシアンである．

水素原子の運動は，陽子，電子が一体となって運動する直線運動と，電子が陽子のまわりをまわる回転運動からなる．これを表す**重心運動の分離**について説明する．(x_1,x_2) のなす6次元空間で次の座標変換を行う：

$$x = x_1 - x_2, \quad y = \frac{m_1 x_1 + m_2 x_2}{m_1 + m_2}.$$

そのとき，(B.1)のハミルトニアンは，新座標では

$$H = -\frac{\hbar^2}{2M}\triangle_y + \left(-\frac{\hbar^2}{2\mu}\triangle_x - \frac{e^2}{|x|}\right) \equiv H_y + H_x \tag{B.2}$$

と書けることが簡単な計算によって示される．ただし，

$$M = m_1 + m_2, \quad \mu = \frac{m_1 m_2}{m_1 + m_2}$$

であり，(B.2)の $\equiv$ は，中辺の二つの項を，右辺の対応する項のように表すと

いう意味である．y は重心座標，x は相対座標，M は水素原子の全質量であり，μ は**換算質量**と呼ばれる．

いま，波動関数 $\psi(x,y)$ が $\psi=f(x)g(y)$ という形をしているとすると，
$$H\psi(x,y) = f(x)(H_y g)(y) + (H_x f)(x)g(y)$$
が成り立つ．言い換えれば，H の作用は重心座標 y の空間における作用 H_y と相対座標の空間における作用 H_x とに分離された．H_y は自由粒子のハミルトニアンと同じだから，以下 H_x のみを解析することにし，特に H_x の固有値問題に着目する．そこで改めて

$$H = -\frac{\hbar^2}{2\mu}\triangle - \frac{e^2}{|x|} \tag{B.3}$$

とおいて，次の固有値問題を解析する：

$$H\psi(x) = -\frac{\hbar^2}{2\mu}\triangle\psi(x) - \frac{e^2}{|x|}\psi(x) = E\psi(x), \quad x \in \mathbf{R}^3. \tag{B.4}$$

$\triangle$ の前の係数を 1 にするため，§1.4 の考察を用いる．$a=\hbar^2/(\mu e^2)$ ととる．すると，(1.36) と (1.37) の間にある $\widetilde{V}(y)$（$y=ax$，重心座標ではない）は

$$\widetilde{V}(y) = \frac{2\mu a^2}{\hbar^2} \times \frac{e^2}{|ay|} = \frac{2}{|y|} \tag{B.5}$$

となる[*2]．そこで y を x にもどし，改めて

$$\widetilde{H} = -\triangle - \frac{2}{|x|} \tag{B.6}$$

とおき，固有値問題

$$\widetilde{H}\psi(x) = -\triangle\psi(x) - \frac{2}{|x|}\psi(x) = \widetilde{E}\psi(x), \quad x \in \mathbf{R}^3 \tag{B.7}$$

を考察の対象とする．なお，(B.4) の E と (B.7) の $\widetilde{E}$ は (1.36) と (1.37) の間にある関係

$$E = \frac{\hbar^2}{2\mu a^2}\widetilde{E} = \frac{\mu e^4}{2\hbar^2}\widetilde{E} \tag{B.8}$$

で結び付けられていることに注意しておく．

[*2] (B.5) の右辺の分子が 1 でなく 2 になるように a を選んだのは後の都合による．

§B.2 極座標による変数分離

(a) 3次元極座標

3次元空間の極座標について，その概略を説明する．$\mathbf{R}^3$ の点を $x=(x_1,x_2,x_3)$ と表し，
$$r = \sqrt{x_1^2 + x_2^2 + x_3^2}$$
とおく．そのとき，$(x_1,x_2) \neq (0,0)$ を満たす点は次のように表される：
$$x_1 = r\sin\theta\cos\varphi, \quad x_2 = r\sin\theta\sin\varphi, \quad x_3 = r\cos\theta. \tag{B.9}$$
ここで，$r>0, 0<\theta<\pi, 0\leq\varphi<2\pi$ を満たす (r,θ,φ) 全体と $(x_1,y_1)\neq(0,0)$ を満たす (x_1,x_2,x_3) 全体は (B.9) により 1 対 1 に対応している (図 B.1 参照)．(r,θ,φ) を (x_1,x_2,x_3) の**極座標**という[*3]．θ,φ は 2 次元球面
$$S^2 = \{(x_1,x_2,x_3) \in \mathbf{R}^3 \mid x_1^2 + x_2^2 + x_3^2 = 1\}$$
上の座標とみなせる (ただし，極点 $(0,0,\pm 1)$ を除く)．

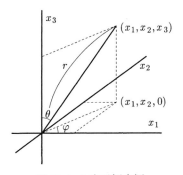

図 B.1 3次元極座標

関数 $f(x_1,x_2,x_3)$ に対して，r,θ,φ の関数 $\tilde{f}$ を
$$\tilde{f}(r,\theta,\varphi) = f(r\sin\theta\sin\varphi, r\sin\theta\cos\varphi, r\cos\theta)$$
と定めれば，$\tilde{f}$ は f の極座標による表現である．記号を簡単にするため，今後 $\tilde{f}(r,\theta,\varphi)$ も $f(r,\theta,\varphi)$ と表すことにする．したがって，(x_1,x_2,x_3) と (r,θ,φ) が

[*3] 慣用に従って，極座標の第 3 変数を φ で表す．極座標が出てこないところで，φ を波動関数を表すのに用いることもあるが，混同の恐れはないであろう．

(B.9) によって対応しているとして $f(x_1, x_2, x_3) = f(r, \theta, \varphi)$.

直交座標と極座標との間の積分の変数変換の公式は既知とするが，以下簡単に復習しておく．S^2 上の点を極座標を使って $\omega = (\theta, \varphi) \in S^2$ と表す．θ, φ を用いれば，S^2 の面積要素 $d\omega$ は $d\omega = \sin\theta d\theta d\varphi$ と表され，$\mathbf{R}^3$ の体積要素 $dx_1 dx_2 dx_3$ は $dx_1 dx_2 dx_3 = r^2 dr d\omega = r^2 \sin\theta dr d\theta d\varphi$ と表される．そして次の公式が成り立つ：

$$\int_{\mathbf{R}^3} f(x_1, x_2, x_3) dx_1 dx_2 dx_3 = \int_0^\infty \int_0^\pi \int_0^{2\pi} f(r, \theta, \varphi) r^2 \sin\theta dr d\theta d\varphi. \quad (B.10)$$

微分作用素 $\triangle$ は極座標では次のように表される．これも既知とする．

$$(\triangle f)(r, \theta, \varphi) = \frac{1}{r} \frac{\partial^2}{\partial r^2} \left(r f(r, \theta, \varphi) \right) + \frac{1}{r^2} \Lambda f(r, \theta, \varphi), \quad (B.11)$$

$$\Lambda = \frac{1}{\sin\theta} \frac{\partial}{\partial \theta} \left(\sin\theta \frac{\partial}{\partial \theta} \right) + \frac{1}{\sin^2\theta} \frac{\partial^2}{\partial \varphi^2}. \quad (B.12)$$

Λ はラプラシアンの S^2 上での作用を表す作用素で，**Laplace-Beltrami の作用素**と呼ばれる．

(b) S^2 上の 2 乗可積分関数の空間 $L^2(S^2)$

S^2 上の可測関数で条件

$$\int_{S^2} |f(\omega)|^2 d\omega < \infty$$

を満たすもの全体を $L^2(S^2)$ と書く．$L^2(S^2)$ は Hilbert 空間である．(B.12) で定義される作用素 Λ は $L^2(S^2)$ における自己共役作用素である．Λ の固有値問題について知られている結果を述べるため，次の関数を導入する．

$$P_l(t) = \frac{1}{2^l l!} \frac{d^l}{dt^l} (t^2 - 1)^l, \quad l = 0, 1, 2, \cdots$$

を **Legendre の多項式**とする．$P_l(t)$ は t の l 次の多項式である．そこで

$$P_l^m(t) = (1 - t^2)^{m/2} \frac{d^m}{dt^m} P_l(t), \quad m = 0, 1, \cdots, l$$

とおく．$P_l^m(t)$ は **Legendre の陪関数**と呼ばれる．

最後に，球面 S^2 上の関数 $Y_{l,m}(\theta, \varphi)$ を

$$Y_{l,m}(\theta, \varphi) = (-1)^{(m+|m|)/2} \sqrt{\frac{(2l+1)(l-|m|)!}{4\pi(l+|m|)!}} P_l^{|m|}(\cos\theta) e^{im\varphi},$$

$$l = 0, 1, \cdots ; \quad m = -l, \cdots, -1, 0, 1, \cdots, l$$

と定義する[*4]．添え字 l は非負整数全体に亘り，定まった l に対して m は $-l$ から l に亘るのである．$Y_{l,m}(\theta, \varphi)$ は**球面調和関数**と呼ばれる．

次の定理は，証明なしで引用する．

定理 B.1 $L^2(S^2)$ の自己共役作用素 $-\Lambda$ の固有値は $l(l+1)$, $l=0,1,\cdots$ である．固有値 $l(l+1)$ に対応する固有空間 $\mathcal{M}_l$ の次元(固有値 $l(l+1)$ の多重度)は $2l+1$ で，$\{Y_{l,m}\}_{m=-l,\cdots,-1,0,1,\cdots,l} = \{Y_{l,m}\}_{|m| \leq l}$ は $\mathcal{M}_l$ の正規直交基底である．さらに，全部の l を合わせた $\{Y_{l,m}\}_{l=0,1,\cdots;\ |m| \leq l}$ は $L^2(S^2)$ の完全正規直交系をなす．特に，作用素 Λ の固有関数からなる $L^2(S^2)$ の完全正規直交系が存在し，Λ のスペクトルは離散的である． □

(c) 球面調和関数による展開

始めに結論を形式的な形で提示し，注意 B.1 で厳密な裏付けについて述べる．$f \in L^2(\mathbf{R}^3)$ の極座標表示 $f(r, \theta, \varphi)$ において，r を固定すれば，$f(r, \theta, \varphi)$ は S^2 上の L^2 関数となる．したがって，次の展開が成り立つ：

$$f(r, \theta, \varphi) = \sum_{l=0}^{\infty} \sum_{m=-l}^{l} f_{l,m}(r) Y_{l,m}(\theta, \varphi). \tag{B.13}$$

(B.10)を参照すれば，このとき

$$\int_{\mathbf{R}^3} |f(x_1, x_2, x_3)|^2 dx_1 dx_2 dx_3 = \sum_{l=0}^{\infty} \sum_{m=-l}^{l} \int_0^{\infty} |f_{l,m}(r)|^2 r^2 dr \tag{B.14}$$

が成り立つことが分かる．あるいは，

$$\phi_{l,m}(r) = r f_{l,m}(r) \tag{B.15}$$

とおけば，(B.14)は次のようになる：

$$\int_{\mathbf{R}^3} |f(x_1, x_2, x_3)|^2 dx_1 dx_2 dx_3 = \sum_{l=0}^{\infty} \sum_{m=-l}^{l} \int_0^{\infty} |\phi_{l,m}(r)|^2 dr. \tag{B.16}$$

注意 B.1 以上の議論は形式的であったが，厳密な展開の骨子は概ね次の通り．$f \in L^2(\mathbf{R}^3)$ とすると，ほとんどすべての $r \in (0, \infty)$ に対して $f(r, \theta, \varphi)$ は (θ, φ) の関数として $L^2(S^2)$ に属する．$Y_{l,m}$ は $L^2(S^2)$ の完全正規直交系であったから(定理 B.1)，そのような r に対しては，$L^2(S^2)$ における収束の意味で(B.13)が成り立つ．さらに，一般論

[*4] 係数 $(-1)^{(m+|m|)/2}$ を絶対値 1 の他の複素数に変えても以下の議論に関係ない．別の係数を用いる流儀もある．

(Fubini の定理) により, $rf_{l,m}(r)$ あるいは (B.15) の $\phi_{l,m}$ は $L^2(0,\infty)$ に属し, (B.14) あるいは (B.16) が成り立つことが分かるのである.

(d) 固有値問題の変数分離

(B.13), (B.15) に倣って, 固有値問題 (B.7) に現れる ψ を

$$\psi(x) = \psi(r,\theta,\varphi) = \sum_{l=0}^{\infty}\sum_{m=-l}^{l} \psi_{l,m}(r) Y_{l,m}(\theta,\varphi)$$

$$= \sum_{l=0}^{\infty}\sum_{m=-l}^{l} \frac{\phi_{l,m}(r)}{r} Y_{l,m}(\theta,\varphi) \tag{B.17}$$

と展開しておく. そこで (B.11) を (B.17) に作用させ, $-\Lambda Y_{l,m} = l(l+1)Y_{m,l}$ を用いると, $-\triangle\psi$ は次のように書ける:

$$(-\triangle\psi)(r,\theta,\varphi)$$
$$= \sum_{l=0}^{\infty}\sum_{m=-l}^{l}\left(-\frac{1}{r}\frac{d^2}{dr^2}\bigl(r\psi_{l,m}(r)\bigr) + \frac{l(l+1)}{r^2}\psi_{l,m}(r)\right)Y_{l,m}(\theta,\varphi)$$
$$= \frac{1}{r}\sum_{l=0}^{\infty}\sum_{m=-l}^{l}\left(-\frac{d^2}{dr^2} + \frac{l(l+1)}{r^2}\right)\phi_{l,m}(r)Y_{l,m}(\theta,\varphi). \tag{B.18}$$

これより, 固有値問題 (B.7) は形式的には

$$\sum_{l=0}^{\infty}\sum_{m=-l}^{l}\left(-\frac{d^2}{dr^2} + \frac{l(l+1)}{r^2} - \frac{2}{r} - \widetilde{E}\right)\phi_{l,m}(r)Y_{l,m}(\theta,\varphi) = 0 \tag{B.19}$$

と同値であることが分かる.

そこで, $(0,\infty)$ で定義された関数 $f(r)$ に作用する微分作用素

$$H_l = -\frac{d^2}{dr^2} + \frac{l(l+1)}{r^2} - \frac{2}{r}$$

を導入する. $Y_{l,m}$ が $L^2(S^2)$ での正規直交系であることから, (B.19) が成り立つことは $(H_l - \widetilde{E})\phi_{l,m}(r) = 0$ が任意の l,m に対して成り立つことと同値である. 言いかえれば, (B.19) は次の性質 (B.20) と同値である:

$$\left\{\begin{array}{l}\widetilde{E}\text{ が }H_l\text{ の固有値であるような }l\text{ に対しては, }\phi_{l,m}\text{ は}\\ \widetilde{E}\text{ に対応する }H_l\text{ の固有関数}(\phi_{l,m}=0\text{ も含む})\text{ であ}\\ \text{り, その他の }l\text{ に対しては }\phi_{l,m}=0\text{ である.}\end{array}\right\} \tag{B.20}$$

(与えられた $\widetilde{E}$ に対して, $\widetilde{E}$ を固有値とする H_l が複数ある場合には, そのような l すべてに対して (B.20) が成り立つとするのである.) このようにして, $\widetilde{H}$ の

固有値問題は，H_l の固有値問題の解析に帰着した．H_l は 1 変数の微分作用素（常微分作用素）であり，固有値問題 $H_l f = \widetilde{E} f$ は動径方向の固有値問題と呼ばれるべきものである．

以上が，極座標による固有値問題の変数分離の概要である．

§B.3 H_l の固有値問題

(a) H_l の定義域

我々は H_l を $L^2(0,\infty)$ における作用素としてその固有値問題を論じるのであるが，そのためには H_l の定義域を定めて，H_l を $L^2(0,\infty)$ における自己共役作用素として確定しておく必要がある．しかし，最初に述べたようにそれは本書のレベルを越え，定義域のことはあいまいにしたままで議論を進めざるを得ない．先へ進む前に，Hilbert 空間や Lebesgue 積分に通じておられる読者のために，定義域をどうとればよいかの概略を述べておこう．

以下，導関数，2 階導関数を表すのに $f' = df/dr$, $f'' = d^2f/dr^2$ を用いる．

まず，f に対する条件
$$f \in C^1(0,\infty), \quad f' \text{ は絶対連続} \tag{B.21}$$
を考える．よく知られているように，条件 (B.21) を満たす f に対して，ほとんど到るところの r において 2 階微分 $f''(r) = df'(r)/dr$ が存在する．そこで，
$$\widetilde{H}_l f(r) = -f''(r) + \left(\frac{l(l+1)}{r^2} - \frac{2}{r} \right) f(r) \tag{B.22}$$
とおく．このとき，作用素 H_l の定義域は，$l \neq 0$ のときは
$$\mathcal{D}(H_l) = \{ f \in L^2(0,\infty) \mid f \text{ は (B.21) を満たし，かつ } \widetilde{H}_l f \in L^2(0,\infty) \} \tag{B.23}$$
であるとし，$l = 0$ のときには，(B.23) の右辺に条件 $f(0) = \lim_{r \to 0} f(r) = 0$ を付け加える．（$l = 0$ のときには，(B.23) の右辺に属する f に対しては $\lim_{r \to 0} f(r)$ が存在することに注意．）最後に，上に定めた $\mathcal{D}(H_l)$ に属する f に対して，$H_l f = \widetilde{H}_l f$ とおく．作用素 H_l をこのように定めると，H_l は $L^2(0,\infty)$ における自己共役作用素になることが知られている．

(b) H_l の因子分解

調和振動子の固有値問題(第4章)においては,ハミルトニアン H の因子分解 $H = A^*A + I = AA^* - I$ (式(4.13)参照)が重要な役割を演じた. H_l の固有値問題においても,同様な分解が登場するが,今度は H_l と H_{l+1} が絡んでくるので,事情はやや複雑になる. まず次のようにおく:

$$A_l = -\frac{d}{dr} + \frac{l+1}{r} - \frac{1}{l+1}, \tag{B.24}$$

$$A_l^* = \frac{d}{dr} + \frac{l+1}{r} - \frac{1}{l+1}, \quad l = 0, 1, \cdots. \tag{B.25}$$

命題 B.1 A_l, A_l^*, H_l の間に次の関係が成り立つ:

$$H_l = A_l^* A_l - \frac{1}{(l+1)^2}, \quad l = 0, 1, \cdots, \tag{B.26}$$

$$H_{l+1} = A_l A_l^* - \frac{1}{(l+1)^2}, \quad l = 0, 1, \cdots, \tag{B.27}$$

$$A_l A_l^* = A_{l+1}^* A_{l+1} + d_l,$$
$$d_l = \frac{1}{(l+1)^2} - \frac{1}{(l+2)^2}, \quad l = 0, 1, \cdots. \tag{B.28}$$

[証明] 一般に $A = -d/dr + p(r), A^* = d/dr + p(r)$ とすれば,

$$A^*A = -\frac{d^2}{dr^2} + p'(r) + p^2(r), \quad AA^* = -\frac{d^2}{dr^2} - p'(r) + p^2(r)$$

である. ここで $p(r) = (l+1)/r - 1/(l+1)$ として, (B.22)を思い出せば, (B.26), (B.27)が得られる. (B.28)は(B.26)で l を $l+1$ に置き換えたものと(B.27)から直ちに得られる. ∎

(c) $A_l^* A_l$ の固有値問題

記述を簡単にするため,作用素 T の固有値全体の集合を $\sigma_p(T)$ と表し,固有値 $\lambda \in \sigma_p(T)$ に属する T の固有空間を $\mathcal{M}(\lambda; T)$ と表すことにする. 次の命題が鍵となる. この命題は,上の A_l, d_l の具体形に関係なく成り立つので,やや一般的な形で述べておく.

命題 B.2 $A_l, l = 0, 1, \cdots$ は

$$A_l A_l^* = A_{l+1}^* A_{l+1} + d_l, \quad d_l > 0 \tag{B.29}$$

§B.3 H_l の固有値問題

を満たすとする。そのとき，$\lambda \neq 0$ ならば

$$\lambda \in \sigma_p(A_l{}^* A_l) \iff \lambda - d_l \in \sigma_p(A_{l+1}{}^* A_{l+1}), \quad l = 0, 1, 2, \cdots \tag{B.30}$$

であり，固有空間の間に次の関係が成り立つ．

$$A_l \mathcal{M}(\lambda; A_l{}^* A_l) = \mathcal{M}(\lambda - d_l; A_{l+1}{}^* A_{l+1}), \tag{B.31}$$

$$A_l{}^* \mathcal{M}(\lambda - d_l; A_{l+1}{}^* A_{l+1}) = \mathcal{M}(\lambda; A_l{}^* A_l). \tag{B.32}$$

ここで，$A_l, A_l{}^*$ はそれぞれの $\mathcal{M}$ の上で1対1である．

[証明] $A_l{}^* A_l \varphi = \lambda \varphi, \varphi \neq 0$ とする．両辺に A_l を作用させ $A_l \varphi = \psi$ とおけば，$A_l A_l{}^* \psi = \lambda \psi$．この左辺で仮定 (B.29) を用いれば

$$A_{l+1}{}^* A_{l+1} \psi = (\lambda - d_l) \psi. \tag{B.33}$$

一方，$A_l{}^* \psi = A_l{}^* A_l \varphi = \lambda \varphi$ かつ $\lambda \neq 0$ だから，$\psi = 0$ とすると $\varphi = 0$ となり矛盾．したがって，$\psi \neq 0$ であり (B.33) により $\lambda - d_l \in \sigma_p(A_{l+1}{}^* A_{l+1})$ である．A_l が $\mathcal{M}(\lambda; A_l{}^* A_l)$ の上で1対1であり，(B.31) が = を ⊂ で置き換えた形で成り立つことはこれまでの議論から明らか．

逆に，$A_{l+1}{}^* A_{l+1} \psi = (\lambda - d_l) \psi, \psi \neq 0$ とする．この式の左辺で仮定 (B.29) を用いれば $(A_l A_l{}^* - d_l) \psi = (\lambda - d_l) \psi$．したがって，$A_l A_l{}^* \psi = \lambda \psi$．両辺に $A_l{}^*$ を作用させて $A_l{}^* \psi = \varphi$ とおけば $A_l{}^* A_l \varphi = \lambda \varphi$．$A_l \varphi = A_l A_l{}^* \psi = \lambda \psi$ かつ $\lambda \neq 0$ だから，$\varphi = 0$ ならば $\psi = 0$ となって矛盾．ゆえに $\varphi \neq 0$ であり，$\lambda \in \sigma_p(A_l{}^* A_l)$ である．$A_l{}^*$ が $\mathcal{M}(\lambda - d_l; A_{l+1}{}^* A_{l+1})$ 上で1対1であり，(B.32) が = を ⊂ で置き換えた形で成り立つことはこれまでの議論から明らか．

(B.31), (B.32) が = を ⊂ に変えた形で成り立ち，$A_l, A_l{}^*$ はそれぞれの $\mathcal{M}$ の上で1対1だから，両 $\mathcal{M}$ のうち一方が有限次元ならば他方も有限次元で，(B.31), (B.32) が = の形で成り立つことが分かる．有限次元性を仮定しないで (B.31), (B.32) を証明するには，やや進んだ知識が必要なのでここでは省略する[*5]．■

命題 B.2 は一般的な形で述べたが，これから先は，$A_l, A_l{}^*$ は (B.24), (B.25)，d_l は (B.28) で与えられているものとする．

調和振動子の場合には作用素 A の零点の集合 $\{u \mid Au = 0\}$ が固有空間の種となった ((4.19) とそれに続く議論を参照)．同様に，今回も A_l の零点の集合が固有空間の種になる．$\mathcal{N}_l = \{u \mid A_l u = 0\}$ とおく．$u \in \mathcal{N}_l$ ならば $A_l{}^* A_l u = 0$ であるが，逆に $A_l{}^* A_l u = 0$ であるとすると，$0 = (A_l{}^* A_l u, u) = (A_l u, A_l u) = \|A_l u\|^2$ だから $u \in$

[*5] 以後，命題 B.2 は有限次元性が仮定できる場合にしか使わない．

$\mathcal{N}_l$ である.すなわち

$$\mathcal{N}_l = \{u \mid A_l u = 0\} = \{u \mid A_l^* A_l u = 0\}. \tag{B.34}$$

命題 B.3 $\mathcal{N}_l$ は1次元部分空間で,次のように与えられる:

$$\mathcal{N}_l = \{c\varphi_l \mid c \in \mathbf{C}\}, \quad \varphi_l(r) = r^{l+1} e^{-r/(l+1)}. \tag{B.35}$$

[証明] $A_l \varphi = 0$ は φ が1階線形微分方程式

$$-\frac{d}{dr}\varphi(r) + \left(\frac{l+1}{r} - \frac{1}{l+1}\right)\varphi(r) = 0 \tag{B.36}$$

を満たすことと同値である.(B.36)は

$$(\log \varphi)'(r) = \frac{\varphi'(r)}{\varphi(r)} = \frac{l+1}{r} - \frac{1}{l+1}$$

と書け,これを積分すれば $\varphi(r) = c\varphi_l(r)$ (φ_l は(B.35)のもの)であることが分かる.$\varphi_l \in L^2(0, \infty)$ であり,$\varphi_0(0) = 0$ も満たされるから,φ_l は A_l の定義域に属し(§B.3の(a)と同様に A_0 の定義域には条件 $\varphi(0) = 0$ が加わる),したがって $\varphi_l \in \mathcal{N}_l$ である.$\mathcal{N}_l$ がたかだか1次元であることは上の論証より明らかだから,(B.35)が成り立つ. ∎

簡単のため

$$c_{l,k} = \frac{1}{(l+1)^2} - \frac{1}{(l+k)^2}, \quad k = 1, 2, \cdots$$

とおく.明らかに $0 = c_{l,1} < c_{l,2} < \cdots < c_{l,k} < c_{l,k+1} < \cdots < 1/(l+1)^2$ である.

命題 B.4 $c_{l,k}, k = 1, 2, \cdots$ は $A_l^* A_l$ の固有値であり,区間 $[0, 1/(l+1)^2)$ には $A_l^* A_l$ のこれ以外の固有値はない.式で書けば,

$$\sigma_p(A_l^* A_l) \cap [0, 1/(l+1)^2) = \{c_{l,k} \mid k = 1, 2, \cdots\}. \tag{B.37}$$

各固有値に属する固有空間は1次元であって,固有値 $c_{l,k}$ に属する $A_l^* A_l$ の固有空間 $\mathcal{M}_{l,k}$ は次のように定められる:

$$\mathcal{M}_{l,k} = A_l^* A_{l+1}^* \cdots A_{l+k-3}^* A_{l+k-2}^* \mathcal{N}_{l+k-1}, \quad k = 1, 2, 3, \cdots. \tag{B.38}$$

ただし,$k = 1$ のときには $A_l^* \cdots A_{l+k-2}^*$ は恒等作用素 I であるとする.

[証明] まず,(B.37)で"左辺⊂右辺"が成り立つことを示す.命題B.3と(B.34)により $0 \in \sigma_p(A_l^* A_l)$ であるが,$c_{l,1} = 0$ だから $0 \in$ 右辺.次に λ が $0 \neq \lambda \in \sigma_p(A_l^* A_l)$ を満たすとする.(B.30)の $\Longrightarrow$ を繰り返し使えば,ある $k \geq 0$ で

$$\lambda - d_l - d_{l+1} - \cdots - d_{l+k} = 0 \tag{B.39}$$

§B.3 H_l の固有値問題

とならない限り，
$$\lambda - d_l - d_{l+1} - \cdots - d_{l+m} \in \sigma_p(A_{l+m+1}{}^* A_{l+m+1}) \tag{B.40}$$
がすべての $m = 0, 1, \cdots$ に対して成り立たねばならないことが分かる．ここで $d_l + d_{l+1} + \cdots + d_{l+m} = 1/(l+1)^2 - 1/(l+m+2)^2$ であり，仮定により $\lambda < 1/(l+1)^2$ だから m が十分大きいとき $\lambda - d_l - d_{l+1} - \cdots - d_{l+m} < 0$ となる．一方，$A_{l+m+1}{}^* A_{l+m+1}$ の固有値は非負だから，そのような m に対して (B.40) は矛盾となる．ゆえに，ある $k \geqq 0$ に対して
$$\lambda = d_l + \cdots + d_{l+k} = \frac{1}{(l+1)^2} - \frac{1}{(l+k+2)^2} = c_{l,k+2}$$
でなければならない．以上により，"左辺 ⊂ 右辺" が示された．

次に，(B.37) で "右辺 ⊂ 左辺" が成り立つことを示す．(B.30) の $\Longleftarrow$ においては，$\lambda \neq 0$ という仮定は無視してよい．実際，$\lambda = 0$ なら (B.30) の右辺は $-d_l \in \sigma_p(A_{l+1}{}^* A_{l+1})$ となるが，これは決して起こらないからである．そこで，$l+1$ を l で置き換え，$\lambda - d_{l-1} = \mu$ とおけば (B.30) の $\Longleftarrow$ は
$$d_{l-1} + \mu \in \sigma_p(A_{l-1}{}^* A_{l-1}) \Longleftarrow \mu \in \sigma_p(A_l{}^* A_l), \quad l = 1, 2, \cdots \tag{B.41}$$
と書きかえられる．

さて，我々の目的は $c_{l,k} \in \sigma_p(A_l{}^* A_l) \cap [0, 1/(l+1)^2)$ を示すことである．$c_{l,1} = 0 \in \sigma_p(A_l{}^* A_l)$ だから，$k \geqq 2$ の場合に限ってよい．そのとき
$$c_{l,k} = \frac{1}{(l+1)^2} - \frac{1}{(l+k)^2} = d_l + d_{l+1} + \cdots + d_{l+k-2} \tag{B.42}$$
である．そこで，関係
$$0 \in \sigma_p(A_{l+k-1}{}^* A_{l+k-1}) \tag{B.43}$$
から出発して (B.41) を繰り返し適用すれば[*6]，順次に
$$d_{l+k-2} \in \sigma_p(A_{l+k-2}{}^* A_{l+k-2}), \tag{B.44}$$
$$d_{l+k-3} + d_{l+k-2} \in \sigma_p(A_{l+k-3}{}^* A_{l+k-3}), \tag{B.45}$$
$$\cdots\cdots\cdots$$
$$d_l + \cdots + d_{l+k-3} + d_{l+k-2} \in \sigma_p(A_l{}^* A_l) \tag{B.46}$$
が得られる．(B.42) と (B.46) により $c_{l,k} \in \sigma_p(A_l{}^* A_l)$ であることが分かった．

命題 B.3 と (B.34) から分かるように，(B.43) に対応する固有空間は $\mathcal{N}_{l+k-1}$ で

[*6] (B.43) の $l+k-1$ は (B.42) から (B.41) を逆にたどって推測されたものである．

1次元である．そして，(B.32)により，(B.44)，(B.45)，… に対応する固有空間はそれぞれ $A_{l+k-2}{}^* \mathcal{N}_{l+k-1}$, $A_{l+k-3}{}^* A_{l+k-2}{}^* \mathcal{N}_{l+k-1}$, … である．(B.46)に対応する固有空間が $\mathcal{M}_{l,k}$ だから，(B.38)が成り立つことが分かる． ∎

(d) H_l の固有値問題

命題 B.4 の結果を (B.26) を用いて言い換えれば，H_l の固有値問題に関する結果が得られる．それを次の定理にまとめる．

定理 B.2 H_l は

$$-\frac{1}{(l+1)^2}, \ -\frac{1}{(l+2)^2}, \ \cdots, \ -\frac{1}{(l+k)^2}, \ \cdots \tag{B.47}$$

を固有値とし，$(-\infty, 0)$ には H_l のこれ以外の固有値はない．

各固有値に属する固有空間は 1 次元であって，固有値 $-1/(l+k)^2$ に属する H_l の固有空間を $\mathcal{M}_{l,k}$ とするとき，(B.38) と同じ但し書きのもとで

$$\mathcal{M}_{l,k} = A_l{}^* A_{l+1}{}^* \cdots A_{l+k-2}{}^* \mathcal{N}_{l+k-1}, \quad k = 1, 2, 3, \cdots \tag{B.48}$$

が成り立つ．特に，各 $\mathcal{M}_{l,k}$ は 1 次元，したがって各固有値の多重度は 1 である． ∎

注意 B.2 $(-\infty, 0)$ には (B.47) の固有値以外には H_l のスペクトル（連続スペクトル）に属する点はない．このことは，自己共役作用素のスペクトル定理を援用すれば，命題 B.4 の証明とほとんど同じ方法で示せる．さらに $[0, \infty)$ は H_l の連続スペクトルに属し，そこには固有値がないことも分かっているが，それを示すには別のやや進んだ手法が必要である．

§B.4 水素原子のハミルトニアンの固有値問題

水素原子のハミルトニアンの固有値問題に関する結論は，前節の解析，特に定理 B.2 の結果から容易に導かれる．

定理 B.3 $\widetilde{H}$ を係数を正規化した水素原子のハミルトニアン (B.6) とする．$(-\infty, 0)$ における $\widetilde{H}$ の固有値は $-1, -1/4, \cdots, -1/n^2, \cdots$ である．式で書けば

$$\sigma_p(\widetilde{H}) \cap (-\infty, 0) = \{-1/n^2 \mid n = 1, 2, \cdots\}.$$

固有値 $\widetilde{E}_n = -1/n^2$ の多重度は n^2 であり，固有空間 $\mathcal{M}(-1/n^2; \widetilde{H})$ の一つの正規直交基底は極座標表示で

§B.4 水素原子のハミルトニアンの固有値問題

$$\{\psi_{n,l,m}\}_{l=0,1,\cdots,n-1;\,|m|\leq l}, \quad \psi_{n,l,m}(r,\theta,\varphi) = \frac{1}{r}c_{n,l}\phi_{n,l}(r)Y_{l,m}(\theta,\varphi),$$

$$\phi_{n,n-1}(r) = c_{n,n-1}r^n e^{-r/n}, \tag{B.49}$$

$$\phi_{n,l}(r) = c_{n,l}A_l^* A_{l+1}^* \cdots A_{n-2}^* r^n e^{-r/n}, \quad l=0,1,\cdots,n-2 \tag{B.50}$$

によって与えられる。ここで，$c_{n,l}$ は正規化のための定数である。特に

$$c_{n,n-1} = \frac{1}{\sqrt{(2n)!}}\left(\frac{2}{n}\right)^{n+1/2}. \tag{B.51}$$

[証明] E が H の固有値であるための条件は，波動関数の展開(B.17)を用いて，条件(B.20)によって与えられていた。定理 B.2 によれば，l も変動させて H_l の固有値全体を集めたものは $\{-1/n^2\,|\,n=1,2,\cdots\}$ であり，$-1/n^2$ は $H_0, H_1, \cdots, H_{n-1}$ の固有値である。n,l,m を固定したときの固有空間の次元は 1 であるから，波動関数の展開(B.17)を参照して，固有値 $-1/n^2$ の多重度 d_n は

$$d_n = \sum_{l=0}^{n-1}\sum_{m=-l}^{l} 1 = \sum_{l=0}^{n-1}(2l+1) = n^2$$

と計算される。固有空間は(B.48)で与えられるが，(B.47)で固有値が $-1/n^2$ となるのは $l+k=n$ であることに注意して(B.48)から k を消去すれば(B.49)，(B.50)が出る。周知の公式 $\int_0^\infty r^p e^{-qr}dr = p!/q^{p+1}$ を用いて計算すれば，$\|r^n e^{-r/n}\|_{L^2}^2 = (2n)!(n/2)^{2n+1}$ である。(B.51)はこれから直ちに得られる。■

(B.49)，(B.50)から分かるように，$\phi_{n,l}$ は 多項式$\times e^{-r/n}$ という形である。もう少し頑張れば，多項式の部分を Laguerre の多項式と呼ばれる多項式とその導関数を用いて表し，$c_{n,l}$ を計算することもできる。そのプロセスは初等的な計算であるが，かなり煩雑なので，ここでは省略する。

以上で，係数を正規化したハミルトニアン $\widetilde{H}$ の固有値問題(B.7)の固有値 $\widetilde{E}_n$ が求まった。$\widetilde{E}_n = -1/n^2$ である。そこで，水素原子のハミルトニアン H の固有値問題(B.4)の固有値 E_n は，(B.8)により

$$E_n = -\frac{\mu e^4}{2\hbar^2 n^2} \tag{B.52}$$

と求められる。これが最終結果である。

最後に，水素原子のスペクトルについて，(B.52)から導かれる理論値は，観測値とよく一致することを見ておこう。たまには自分で数値まで計算してみる

のも,臨場感が味わえるよい体験である*7.

Bohr の振動数条件によれば,電子がエネルギー(=ハミルトニアンの固有値) E_n の定常状態(=固有関数で表される状態)からエネルギー $E_{n'}$ の定常状態へ遷移するときに射出される光の振動数は,(1.14)で n と n' を取りかえた式で与えられる. $n'=2$ として(B.52)を用いると,振動数の系列

$$\nu_n = \frac{\mu e^4}{2h\hbar^2}\left(\frac{1}{4}-\frac{1}{n^2}\right) = \frac{\mu e^4}{4\pi\hbar^3}\left(\frac{1}{4}-\frac{1}{n^2}\right), \quad n=3,4,\cdots$$

が得られる.この系列は,Balmer 系列と呼ばれる*8.対応する波長を λ_n とすれば,光速を c として

$$\frac{1}{\lambda_n} = \frac{\mu e^4}{4\pi\hbar^3 c}\left(\frac{1}{4}-\frac{1}{n^2}\right). \tag{B.53}$$

(1.14)で $n'=3, n'=4, \cdots$ とすれば別の系列が出てくる(参考書[1],文献†参照).

文献†の 260 頁によれば,Ångström による $\lambda_3,\cdots,\lambda_6$ の観測値は,

6.5621×10^{-7} m, 4.8607×10^{-7} m, 4.3401×10^{-7} m, 4.1013×10^{-7} m

である.いま,(B.53)の右辺の係数を K とおく: $K=\mu e^4/(4\pi\hbar^3 c)$.これを計算するのに必要な定数の値は次の通り(文献†の裏表紙見開きに載っている).ただし,m_1 は陽子,m_2 は電子の質量,μ は換算質量の計算値.

$m_1 = 1.6726\times 10^{-27}$ kg, $m_2 = 9.1090\times 10^{-31}$ kg, $\mu = 9.1040\times 10^{-31}$ kg,

$\hbar = 1.0546\times 10^{-34}$ J·s, $c = 2.9980\times 10^8$ m/s, $e = 1.6022\times 10^{-19}$ C.

単位は,e がクーロンである以外は MKS 系である.注意がいるのは,(B.53)で e にクーロンを単位とする値を用いる場合には,MKS 系と整合させるため e^2 を $e^2/(4\pi\varepsilon_0)$, $\varepsilon_0 = 8.85419\times 10^{-12}$ C²s²/kg³m³ で置き換える必要があることである(文献†の 56 頁参照).これに注意して実際に計算すると,$K=1.0967\times 10^7$, $\lambda_3 = 6.5657\times 10^{-7}$ m と計算される.これは,観測値とよく合っている.$n=4,5,6$ についても計算すれば,同程度に一致していることが確かめられる.

---

*7 以下,参考書[1]および文献†(江沢洋,現代物理学,朝倉書店,1996)を参照した.
*8 $n=3,4,5,6$ に関する Ångström の観測結果がこの式に従うことを,1884〜1885 年に Balmer が発見したそうである(参考書[1],§17,および文献†,260 頁).

参考書

　量子力学の参考書はたくさんある．ここでは，第1章を書くのに参照した書物のみを挙げる．これらは，著者に馴染みの書から何冊かを選んだもので，最近の講義で挙げられる標準的なものが落ちているかもしれない．

[1] 朝永振一郎，量子力学 I, II，みすず書房，I: 1952 (第1版)，1969 (第2版)，II: 1953．

[2] 湯川秀樹，豊田利幸編，量子力学 I，岩波講座現代物理学の基礎 (第2版)，岩波書店，1978．

[3] 阿部龍蔵，量子力学入門，岩波書店，1987．

[4] 砂川重信，量子力学，岩波書店，1991．

[5] 小谷正雄，梅沢博臣編，大学演習量子力学，裳華房，1959．

[6] L. I. Schiff, Quantum Mechanics (3rd ed.), McGraw-Hill, 1968．邦訳：井上健訳，量子力学 (上・下)，吉岡書店，1970, 1972．

　微分積分，物理数学全般にわたる書として

[7] 高木貞治，解析概論 (改訂第3版)，岩波書店，1983．

[8] 寺沢寛一，自然科学者のための数学概論 (増訂版)，岩波書店，1983．

[9] R. Courant and D. Hilbert, Methods of Mathematical Physics, vol. I, Interscience, 1953．邦訳：齋藤利弥監訳，数理物理学の方法 1, 2，東京図書，1959．

[10] 谷島賢二，物理数学入門，東京大学出版会，1994．

をあげておく．基本事項は [7], [8] から引用した．第2章の内容全部を含むものは見当たらないが，[10] がそれに近い．本書に述べた程度の Schwartz 空間，Fourier 変換，超関数は [10], [12] で間に合うであろう．

　関数解析の本で，本文で引用したのは

[11] 加藤敏夫，位相解析，共立出版，1967．

[12] 黒田成俊，関数解析，共立出版，1980．

[13] 吉川敦，関数解析の基礎，近代科学社，1990．

である．関数解析の本は数多い．[12] や本講座「関数解析」の参考書欄を参照していただきたい．

[14] 朝永振一郎，角運動量とスピン，みすず書房，1989．

の "第III部ベクトル空間" は高名な物理学者の手になるものであるが，ベクトル

空間の初歩から Hilbert 空間における正規直交基底による展開あたりまでを，関数空間も含めて悠揚迫らざる筆致で 95 頁にわたって解説していて，数学者が書けばいろいろ違ってくるところはあるが，決して「物理的な解説」ではなく，数学そのものの解説として優れていると思う．物理系の読者のために特に挙げておく．

第 3 章以降で展開した Schrödinger 方程式の数理の参考書は，スペクトル理論，数学的散乱理論の専門書となり，本書を読むための参考書というより，先の勉強のためのものである．邦書，洋書の順に何点かを著者名順に挙げ最後に多少の解説を加える．なお，[18], [22] は物理サイドからのものである．

[15] 池部晃生，数理物理の固有値問題，産業図書，1976.

[16] 黒田成俊，スペクトル理論 II，岩波講座基礎数学，岩波書店，1979.

[17] 望月清，波動方程式の散乱理論，紀伊國屋書店，1984.

[18] 砂川重信，散乱の量子論，岩波書店，1977.

[19] H. L. Cycon, R. G. Froese, W. Kirsch and B. Simon, Schrödinger Operators with Applications to Quantum Mechanics and Global Geometry, Springer, 1987.

[20] L. Hörmander, The Analysis of Linear Partial Differential Operators, II Differential Operators with Constant Coefficients, 1983; IV Fourier Integral Operators, Springer, 1985.

[21] T. Kato, Perturbation Theory for Linear Operators (2nd ed.), Springer, 1976.

[22] R. G. Newton, Scattering Theory of Waves and Particles, McGraw-Hill, 1966.

[23] M. Reed and B. Simon, Methods of Modern Mathematical Physics, I: Functional Analysis, 1970; II: Fourier Analysis, Self-Adjointness, 1972; III: Scattering Theory, 1979; IV: Analysis of Operators, 1978; Academic Press.

[24] D. B. Pearson, Quantum Spectral and Scattering Theory, Academic Press, 1988.

[25] Y. Saitô, Spectral Representations for Schrödinger Operators with Long-Range Potentials, Lecture Notes in Math. **727**, Springer, 1979.

[26] D. R. Yafaev, Mathematical Scattering Theory, General Theory, Amer. Math. Soc., 1992.

以上のうち，基本的に短距離型を主題とし教科書風な面も持つものとして，[16], [17], [24], [26], [20], II の第 XIV 章などがある．[23] は多くの話題を網羅した大著だけれど，教科書としても読める．[19] はより専門的といえよう．遠距離型につ

いては [20], IV の第 XXX 章, [25] があるが，遠距離型，多体問題を含む系統的な成書はまだないようである．最近，そのような書として新進気鋭の J. Dereziński と C. Gerard の共著による書物の近刊が予告され，一部の章はプレプリントとして出回っている．

Schrödinger 方程式は偏微分方程式である．偏微分方程式の参考書も数多いが，本書の読者のためには次の 2 書を挙げておく．

[27] 藤田宏，犬井鉄郎，池部晃生，高見穎郎，数理物理に現われる偏微分方程式，岩波講座基礎数学，岩波書店，1977．

[28] 俣野博，微分方程式 II，岩波講座応用数学，岩波書店，1994．

第 2 次刊行追記．上で言及した Dereziński と Gerard の本は最近出版された．

[29] J. Dereziński and C. Gerard, Scattering Theory of Classical and Quantum N-particle systems, Texts and Monographs in Physics, Springer, 1997.

単行本化追記．第 2 次刊行後に出版されたシュレーディンガー方程式の数理に関する書物のうち，特に

[30] 磯崎洋，多体シュレーディンガー方程式，シュプリンガー現代数学シリーズ 13，シュプリンガー東京，2004

を挙げておく．また，本書では全く触れなかったファインマン積分の数理については

[31] 藤原大輔，ファインマン経路積分の数学的方法，シュプリンガー現代数学シリーズ 13，シュプリンガー東京，1999

がある．

演習問題解答

第1章

1.1 (i) $p(t)=-eEt+p_0$, $x(t)=-(eE/2m)t^2+(p_0/m)t+x_0$. (ii) $\alpha=eE/\hbar$, $\gamma=(eE)^2/(2m\hbar)$.

1.2 (i) Hamilton の方程式は $\dot{x}=m^{-1}(p-A(x))$, $\dot{p}=m^{-1}(p-A(x))A'(x)$. これから，$\ddot{x}(t)=0$ が簡単に示せる．ゆえに，$x(t)=v_0t+x_0$ で，運動は $A(x)=0$ の場合と同じ．(異なるハミルトニアンから同じ Newton の運動方程式が出る例である.) また，$p(t)=mv_0+A(v_0t+x_0)$ となる．(これは $m\dot{x}(t)=mv_0$ とは異なることに注意.) (ii) $\psi(x,t)=\phi(t)\varphi(x)$ を方程式に代入すれば $2mi\hbar\dot{\phi}(t)\phi(t)^{-1}=\left(\left(-i\hbar\dfrac{\partial}{\partial x}-A(x)\right)^2\varphi(x)\right)\cdot\varphi(x)^{-1}$ が得られる．t のみの関数である左辺が x のみの関数である右辺と等しいから，それらは定数である．その定数を便宜上 k^2 とおけば，$\phi(t)=ce^{-ik^2t/(2m\hbar)}$ であり，φ は $\left(-i\hbar\dfrac{\partial}{\partial x}-A(x)\right)\varphi(x)=k\varphi(x)$ を満たせばよい．これより，$\varphi(x)=c'e^{i(W(x)+kx/\hbar)}$. これらを掛け合わせて $\psi(x,t)$ が得られる．数学としては k は任意の複素数でよいが，全空間で有界な解(物理的に意味のある解)とすれば，k は実数である．(iii) $\left(-i\hbar\dfrac{d}{dx}-A(x)\right)(e^{iW(x)}\varphi(x))=-i\hbar e^{iW(x)}\varphi'(x)$. これを繰り返せば，$\left(-i\hbar\dfrac{d}{dx}-A(x)\right)^2(e^{iW(x)}\varphi(x))=-\hbar^2 e^{iW(x)}\varphi''(x)$. (iv) $2pA(x)$ で置き換えをして f に作用させれば係数は別として $2\dfrac{d}{dx}(A(x)f(x))=2A(x)\dfrac{d}{dx}f(x)+2A'(x)f(x)$ が出るが，逆順のときは $2A(x)\dfrac{d}{dx}f(x)$ が出る．$pA(x)+A(x)p$ で置き換えをすると，$\left(-i\hbar\dfrac{d}{dx}-A(x)\right)^2$ が出てくる．

1.3 (i) $\dfrac{\partial}{\partial\tau}\widetilde{\psi}(y,\tau)=b(\partial_t\psi)(ay,b\tau)$, $\triangle_y\widetilde{\psi}(y,\tau)=a^2(\triangle\psi)(ay,b\tau)$ を用いる．(ii) 4.839×10^{-17} s.

1.4
$$i\dfrac{d}{dt}\int_{-\infty}^{\infty}|\psi(x,t)|^2 dt=\int_{-\infty}^{\infty}i\dfrac{\partial}{\partial t}\psi(x,t)\cdot\overline{\psi(x,t)}dx-\int_{-\infty}^{\infty}\psi(x,t)\overline{i\dfrac{\partial}{\partial t}\psi(x,t)}dx.$$
この右辺に方程式を代入する．V を含む2つの項は打ち消し合う (V が実だから).

$\dfrac{\partial^2}{\partial x^2}$ を含む2つの項は一方を2回部分積分すれば他方になるから，やはり打ち消し合う．

1.5 (i) 固有値：$E_n = (\hbar^2\pi^2/2ma^2)n^2 = (h^2/8ma^2)n^2$，対応する固有関数：$\varphi_n(x) = A\sin(n\pi x/a)$, $n=1, 2, \cdots$. (ii) Hamilton の方程式の解は $p(t)=p$, $x(t)=pt/m+b$ (p は定数)．ただし，運動の向きが変わると p の正負が変わる．したがって軌道は，$p>0$ として，x-p 平面で $(0,p)$, (a,p), $(a,-p)$, $(0,-p)$, $(0,p)$ をこの順でつなぐ長方形．ゆえに，量子条件は $2ap=nh$．これから，$E=p^2/2m = (h^2/8ma^2)n^2$ で (i) と同じ値が出た！ (iii) 6.28 倍．

第2章

2.1 φ が方程式の解ならば，部分積分で $E\int_0^1 |\varphi|^2 dx = \varphi'(0)\overline{\varphi(0)} - \varphi'(1)\overline{\varphi(1)} + \int_0^1 |\varphi'|^2 dx$ が得られる．これより，(i), (ii) の場合には $E\geqq 0$ でなければならないことが分かる．(i) の答：$E_n = n^2\pi^2$, $n=0, 1, \cdots$ (n は 0 から始まることに注意)．対応する固有関数は，$\varphi_n(x) = A\cos n\pi x$. (ii) の答：$E_n = (n+1/2)^2\pi^2$, $n=0, 1, \cdots$. 対応する固有関数は，$\varphi_n(x) = A\cos(n+1/2)\pi x$. (iii) の場合には，$E$ が負になることもあり得る．負の場合の解析は少し手がかかる．方程式の一般解は $E>0$ なら三角関数，$E=0$ なら1次関数，$E<0$ なら指数関数で書ける．これを使って計算し，α によってまとめ直すと，答は次のようになる．(iii) の答：(a) $\alpha > -1$. すべての固有値は正で，超越方程式 $\tan\sqrt{E} = -(1/\alpha)\sqrt{E}$ の正根として与えられる．(b) $\alpha = -1$. このとき $E=0$ も固有値となり，$\tan\sqrt{E} = \sqrt{E}$ の非負根が固有値．(c) $\alpha < -1$. 固有値は $\tan\sqrt{E} = -(1/\alpha)\tan\sqrt{E}$ の正根と $e^{2\sqrt{-E}} = (\alpha - \tan\sqrt{-E})/(\alpha + \tan\sqrt{-E})$ の負根．この負根は1つであることを示すのは，微積分の演習になる．

2.2 (2.15) が成り立つことは命題 2.5 を使えば容易に分かる．(2.15) によれば，$(f*g)^{(k)}$ が急減少または緩増加であることの証明は，$f*g$ が急減少または緩増加であることに帰着できる．さて，f, g ともに急減少の場合には $|x|^m|f(x-y)||g(y)| \leqq c_m\{|x-y|^m|f(x-y)|\cdot|g(y)| + |f(x-y)|\cdot|y|^m|g(y)|\}$ と評価して積分し，f が緩増加の場合には，$|f(x-y)||g(y)| \leqq c(1+|x-y|)^m|g(y)| \leqq c_m\{(1+|x|)^m\cdot|g(y)| + (1+|y|)^m|g(y)|\}$ と評価してから積分すればよい．

2.3 $0\leqq |x| < 1$ のとき $j^{(k)}(x) = (1-x^2)^{-2k}P_k(x)e^{-1/(1-x^2)}$ (P_k は多項式) となることを示す．

2.4 ヒントの通り．ただし，$h(x)$ が $[c,d]$ で連続で $h(x) \geq 0$ かつ $\int_c^d h(x)\mathrm{d}x = 0$ ならば $h(x) \equiv 0$ という定理を利用する．

2.5 (2) は $y = x/\varepsilon$ 変数変換すれば分かる．(3) も同じ変換で $\int_{|x| \geq \delta} G_\varepsilon(x)\mathrm{d}x = \int_{|y| \geq \delta/\varepsilon} G(y)\mathrm{d}y \to 0, \varepsilon \to \infty$．

2.6 命題 2.8 の証明とまったく同様．

2.7 前半はヒントの通り．後半：$|x| \geq R$ のとき $G(x) = 0$ ならば，$|x| \geq R+\varepsilon$ のとき $G_\varepsilon(x) = 0$．

2.8 f は命題 2.7 の仮定を満たすとする．問題 2.3 の $j \in C_0^\infty(\mathbf{R}^1)$ を使って，$G(x) = \left(\int_{-\infty}^\infty j(x)\mathrm{d}x\right)^{-1} j(x)$ と定義すれば，$G \in C_0^\infty(\mathbf{R}^1)$ かつ G は問題 2.5, 2.7 の仮定を満たす．$a, b (a<b)$ を任意にとり g_ε を問題 2.7 のように定めれば，仮定から $0 = \int_{-\infty}^\infty f(x)g_\varepsilon(x)\mathrm{d}x = \int_{-\infty}^\infty f(x)\mathrm{d}x \int_a^b G_\varepsilon(x-y)\mathrm{d}y$．右辺で Fubini の定理を適用して積分順序を変え，問題 2.6 の結果を使えば，$\varepsilon \to 0$ のとき右辺は $\int_a^b f(x)\mathrm{d}x$ に収束することが分かる．すなわち，$\int_a^b f(x)\mathrm{d}x = 0$．

2.9 $k=1$ で証明すれば，後は反復．$k=1$ については，f' に関する (2.16) を書いて，右辺で部分積分をするか，または (2.20) の右辺を積分記号の下で微分すればよい．

2.10 (2.22) の左辺を反復積分の形で書き，e の肩にある $-\mathrm{i}\xi x$ を，ちょっと変形して Fubini の定理を使う．

2.11 任意の非負整数 j, l に対して $x^j f^{(l)}(x) \to 0, n \to \infty$（一様収束）が成り立つと仮定して，$\mathcal{F}f_n$ が同様の性質を持つことを示せばよい．色々な定数を同じ文字 c で表すことにする．$\xi^m(\mathcal{F}f_n)^{(k)}(\xi) = c\mathcal{F}((x^k f_n)^{(m)})(\xi)$ だから，$|\xi^m(\mathcal{F}f_n)^{(k)}(\xi)| \leq c \int_{-\infty}^\infty |(x^k f_n)^{(m)}(x)|\mathrm{d}x$．ここで，$(x^k f_n)^{(m)}$ は $c_{j,l} x^j f_n^{(l)}$ という形の項の有限和である．そしてその和の各項について $\int |x^j||f_n^{(l)}|\mathrm{d}x \leq \sup\{(1+x^2)|x|^j|f_n^{(l)}|\} \int (1+x^2)^{-1}\mathrm{d}x$ が成り立つが，この右辺は仮定により 0 に収束する．

第 3 章

3.1 次問の解答と同じようにやるか，次問に帰着する．

3.2 仮定により，$|h(x)| \leq M$ である．また φ を一つとったとき $K \equiv \sup|\varphi(x)| < \infty$ である．そして，

$$\left|\int_{\mathbf{R}^3}\{h_n(x)-h(x)\}\varphi(x)\mathrm{d}x\right| \leq K\int_{|x|\leq R}|h_n(x)-h(x)|\mathrm{d}x + 2M\int_{|x|\geq R}|\varphi(x)|\mathrm{d}x.$$

さて，任意に $\varepsilon>0$ を与えるとき，$R>0$ を十分大きくとれば，右辺の第2項は ε より小さくできる．そのような R を1つ固定した上で n を十分大きくすれば，仮定 (ii) により，右辺第1項も ε より小さくなる．すなわち，n が十分大きいとき $(n>n_0)$ 左辺 $<2\varepsilon$ となり，結論が証明された．

3.3 φ_δ は1変数関数の積だから，各変数別に1次元の積分を計算すればよい．そのとき，1次元の φ_δ の係数は $\pi^{-1/4}\delta^{-1/2}$ となり，$x_j\ (j\neq i)$ での積分は1となる．次に x_i での積分を計算するが，簡単のため x_i を単に x と書く．部分積分を使ってほとんど暗算ででる公式 $\int_{-\infty}^{\infty}x^2\mathrm{e}^{-ax^2}\mathrm{d}x=\pi^{1/2}/(2a^{3/2})$ で $a=\delta^{-2}$ として，$\int x^2\mathrm{e}^{-x^2/\delta^2}\mathrm{d}x=\pi^{1/2}\delta^3/2$. これに係数 $1/(\pi^{1/2}\delta)$ を掛ければよい．$(\Delta\xi)^2$ については δ を $\hbar/\delta$ に置き換えればよい．((3.39) 参照．)

3.4
$$\frac{\mathrm{d}}{\mathrm{d}\sigma}\Gamma(\sigma)\varphi = \frac{\mathrm{d}}{\mathrm{d}\sigma}(\mathrm{e}^{3\sigma/2}\varphi(\mathrm{e}^\sigma x))$$
$$= (3/2)\mathrm{e}^{3\sigma/2}\varphi(\mathrm{e}^\sigma x)+\mathrm{e}^{5\sigma/2}x\cdot\nabla\varphi(\mathrm{e}^\sigma x).$$

ここで $\sigma=0$ とすれば，右辺は $(3/2)\varphi(x)+x\cdot\nabla\varphi(x)=(3/2)\varphi(x)+\sum x_j\partial_j\varphi(x)=(1/2)[\sum\partial_j(x_j\varphi)+\sum x_j\partial_j\varphi]=(1/2)((\nabla\cdot x)\varphi+x\cdot\nabla\varphi)$.

3.5 (i) $\nabla\mathrm{e}^{\mathrm{i}x^2/4t}=(\mathrm{i}x/2t)\mathrm{e}^{\mathrm{i}x^2/4t}$, $\triangle\mathrm{e}^{\mathrm{i}x^2/4t}=(3\mathrm{i}/2t-x^2/4t^2)\mathrm{e}^{\mathrm{i}x^2/4t}$ と計算する．答は $(\mathrm{i}\partial_t+\triangle)(\mathrm{e}^{\mathrm{i}x^2/4t}\varphi)=(\triangle\varphi+(\mathrm{i}/t)x\cdot\nabla\varphi+(3\mathrm{i}/2t)\varphi)\mathrm{e}^{\mathrm{i}x^2/4t}$.

(ii) $\psi=\psi(x,t)$ は t によるので (i) を注意深く使う必要がある．$(\mathrm{i}\partial_t+\triangle)A(t)D(t)\psi=\mathrm{I}+\mathrm{II}$, $\mathrm{I}=(\mathrm{i}\partial_t A(t))\cdot D(t)\psi+\triangle(A(t)D(t)\psi)$, $\mathrm{II}=\mathrm{i}A(t)\partial_t D(t)\psi$. ただし，I で ∂_t の効力は・の右側へは及ばないとする．したがって，I では $D(t)\psi=(1/2\mathrm{i}t)^{3/2}\psi(x/2t,t)$ で t を定数とみなしたものを φ として (i) の結果が使える．計算の結果は

$$\mathrm{I}=\frac{1}{4t^2}A(T)D(t)\triangle\psi+\frac{\mathrm{i}}{t}A(t)D(t)(x\cdot\nabla\psi)+\frac{3\mathrm{i}}{2t}A(t)D(t)\psi,$$
$$\mathrm{II}=-\frac{\mathrm{i}}{t}A(t)D(t)(x\cdot\nabla\psi)+\mathrm{i}A(t)D(t)\partial_t\psi-\frac{3\mathrm{i}}{2t}A(t)D(t)\psi.$$

これらを加えればよい．

3.6 (i) ヒントのように部分積分した結果は，$B(R)=\mathrm{I}+\mathrm{II}+\mathrm{III}$,
$$\mathrm{I}=-(\mathrm{e}^{\mathrm{i}R^2}/2\mathrm{i}R)\varphi(x-2\sqrt{R}),$$

演習問題解答　　　*145*

$$\text{II} = \frac{1}{2\mathrm{i}} \int_R \frac{\mathrm{e}^{\mathrm{i}y^2}}{y^2} \varphi(x - 2\sqrt{t}\,y)\mathrm{d}y,$$

$$\text{III} = \frac{\sqrt{t}}{\mathrm{i}} \int_R \frac{\mathrm{e}^{\mathrm{i}y^2}}{y} \varphi'(x - 2\sqrt{t}\,y)\mathrm{d}y.$$

容易に分かるように，$|\text{I}| + |\text{II}| \leq R^{-1} \|\varphi\|_\infty$. III については，Schwarz の不等式により

$$\int_R^\infty \frac{|\varphi'(x-2\sqrt{t}\,y)|}{y} \mathrm{d}y \leq \left(\int_R^\infty \frac{1}{y^2}\right)^{1/2} \left(\int_R^\infty |\varphi'(x-2\sqrt{t}\,y)|^2 \mathrm{d}y\right)^{1/2}$$

と評価して $z = 2\sqrt{t}\,y$ と変数変換すれば，$|\text{III}| \leq (2R)^{-1/2} t^{1/4} \|\varphi'\|_2$.

(ii)
$$\int_0^R \mathrm{e}^{\mathrm{i}y^2} \mathrm{d}y = \int_0^R \cos(y^2) \mathrm{d}y + \mathrm{i} \int_0^R \sin(y^2) \mathrm{d}y \to \frac{1}{2}\sqrt{\pi/2}(1+\mathrm{i})$$

(例えば参考書 [7], 224 頁参照) だから，$\lim_{R\to\infty} C(R) = \frac{1}{2}\sqrt{\pi/2}(1+\mathrm{i})\varphi(x)$.

(iii) $|\varphi(x - 2\sqrt{t}\,y) - \varphi(x)| \leq 2\sqrt{t}\,y \|\varphi'\|_\infty$ を用いれば容易．

(iv) (3.66) の左辺を $F(x, t)$ とおくと，$|F(x,t) - (1/\pi\mathrm{i})^{1/2} C(R)| = \pi^{-1/2}(|D(R)| + |B(R)|)$. ここで，$R$ を $R = t^{-\alpha}$, $0 < \alpha < 1/4$ と選んで，$t \to 0$ とし，(i), (ii), (iii) の結果を用いれば，$F(x) \to (1/2)\varphi(x)$, $t \to 0$ であることが分かる．

3.7　$D(-t)\mathcal{F}f(\cdot/2t)D(t)\psi = \mathcal{F}^*f(\cdot)\psi$ を示せばよい．丹念に計算すれば
$$D(-t)\mathcal{F} = \mp \mathrm{i}\mathcal{F}^* D(1/4t), \quad t \gtrless 0$$
が得られる．これと $f(\cdot/2t)D(t)\psi = D(t)(f\psi)$ を組み合わせればよい．

第4章

4.1　(i) $\lambda_n = 2n+1$, $n = 0, 1, \cdots$ だから，$N(E) = \left[\frac{1}{2}(E+1)\right]$ ($[x]$ は $m \leq x$ を満たす最大の整数を表す記号)．一方，

$$I(E) \equiv \int_{x^2 \leq E} \sqrt{E - x^2}\, \mathrm{d}x = E \int_{-1}^1 \sqrt{1-x^2}\, \mathrm{d}x = \pi E/2.$$

ゆえに，$\dfrac{I(E)/\pi}{N(E)} \to 1$．(ii) 例 1.1 と §1.2(c) で今は $m = 1/2$, $\kappa = 2$, したがって $\omega = 2$ である．また，$E = A^2$, $h = 2\pi$ である．そして (1.15) の右辺の n が $N(E)$ にあたる．(1.15) の左辺は半径 $A = \sqrt{E}$ の円の面積であり，よって $2\int_{x^2 \leq E} \sqrt{E-x^2}\,\mathrm{d}x$ に等しい．以上により (1.15) は (4.62) に他ならないことが分かる．

4.2　(i) $Jf = \lambda f$, $f \not\equiv 0$ とする．$J^2 = I$ だから $Jf = \lambda f$ に J を作用させて，$f = \lambda Jf = \lambda^2 f$. ゆえに，$\lambda = \pm 1$. $\lambda = 1$ に属する固有空間は偶関数 $f(-x) = f(x)$ の全体，$\lambda = -1$ に属する固有空間は奇関数 $f(-x) = -f(x)$ の全体である．(ii) $J\mathcal{F}^* = \mathcal{F}$

であることに注意して，$\mathcal{F}f=\lambda f$ に $J\mathcal{F}^*$ を作用させれば，$Jf=\lambda J\mathcal{F}^*f=\lambda\mathcal{F}f=\lambda^2 f$. すなわち，$\lambda^2$ が J の固有値だから，(i) により $\lambda^2=\pm 1$. ゆえに，$\lambda=\pm 1$ または $\lambda=\pm i$.

4.3 (4.32), (4.33) を用いれば簡単であるが，どちらかと言えば本末転倒である．直接的な一つの解法を示しておこう．(4.25) を微分してできる式に，固有方程式 $-\phi''_{n-1}=(2n-1)\phi_{n-1}-x^2\phi_{n-1}$ を代入し，さらに ϕ'_{n-1} を (4.25) を用いて置き換えると，$\phi'_n=2n\phi_{n-1}-x\phi_n$ が得られる．右辺の $x\phi_n$ を (4.25) を用いて ϕ'_n と ϕ_{n+1} に置き換えて整理すればよい．

4.4 $p=0$ のときには (4.60) は (4.59) そのものである．次に $p-1$ に対して (4.60) が任意の k で成り立っているとする．(4.25) で n を $n+1$ とし，ϕ を φ に変えてできる式 $x\varphi_n(x)=\sqrt{2(n+1)}\,\varphi_{n+1}(x)+\varphi'_n(x)$ に x^{p-1} をかければ，$|x^p\varphi_n(x)|\leq\sqrt{2(n+1)}\,|x^{p-1}\varphi_{n+1}(x)|+|x^{p-1}\varphi'_n(x)|$. ゆえに，$p-1$ に対して (4.60) が $k=0$, $k=1$ で成り立っていれば，p に対して $k=0$ で成り立つ．さらに，(4.52) を k 回微分してできる式を使って，k に関する帰納法を行えば，p に対して (4.60) が任意の k で成り立つことが分かる．以上が，この場合の p, k に関する二重帰納法である．

4.5 この問題では調和振動子の固有関数系 $\{\varphi_n\}$ で n を 0 から始める場合と，$n=0$ は省いて，1 から始める場合を区別すること．ヒント 1 で述べたように，$\{\varphi_n\}_{n=0}^\infty$ が L^2 の完全正規直交系になることは既知とし，それを使って，ヒント 2 で述べた $\mathcal{D}$ における $\{\varphi_n\}_{n=1}^\infty$ の性質を論じるのである．さて，$\mathcal{D}\subset L^2(\mathbf{R}^1)$ をヒント 2 のように作ると，$\mathcal{D}$ は内積空間である．$h\notin\mathcal{S}$ であり，一方 $(g,\varphi_0)=0$ だから，$\mathcal{D}$ は $\mathcal{S}$ の部分空間ではなく，また $\mathcal{S}$ が $\mathcal{D}$ の部分空間であるわけでもない．両者は微妙に食い違っている．しかし，$\{\varphi_n\}_{n=1}^\infty\subset\mathcal{D}$ で，$\{\varphi_n\}_{n=1}^\infty$ は $\mathcal{D}$ の正規直交系になっている．いうべきことは次の (1), (2) である．

 (1) $f=g+\alpha h\in\mathcal{D}$, $(f,\varphi_n)=0$, $\forall n=1,\cdots$ ならば $f=0$;

 (2) $\{\varphi_n\}_{n=1}^\infty$ は $\mathcal{D}$ で完全ではない．

 (1) の証明．仮定により f は $\{\varphi_n\}_{n=1}^\infty$ に直交する．したがって，$\{\varphi_n\}_{n=0}^\infty=\{\varphi_0\}\cup\{\varphi_n\}_{n=1}^\infty$ の L^2 における完全性により，$f=\beta\varphi_0$ が成り立つ．ゆえに，$\alpha h=\beta\varphi_0-g\in\mathcal{S}$. $h\notin\mathcal{S}$ だから $\alpha=0$, したがって $f=g$. ところで g はもともと φ_0 と直交するから，g は $\{\varphi_n\}_{n=0}^\infty$ と直交し，L^2 での完備性により $f=g=0$ が得られた．

 (2) の証明．完全であるとすると，$g+\alpha h\in\mathcal{D}$ に対して $\|g+\alpha h\|$ は $\mathcal{D}$ における Parseval の等式 ((4.42) 参照) によって表せるし，L^2 における Parseval の等式によっても表せる．このことから $(g+\alpha h,\varphi_0)=\alpha(h,\varphi_0)=0$ がでる．$\alpha\neq 0$ ととれば，こ

演習問題解答　　　　　　　　　　　　　　*147*

れは仮定 $(h,\varphi_0)\neq 0$ と矛盾する．

4.6 簡単な計算．答は $-2\mathrm{i}P$．

4.7 (i) $PQ\varphi$, $QP\varphi$ を丹念に計算すればよい．

(ii)
$$\frac{\partial}{\partial x_1}=\cos\theta\frac{\partial}{\partial r}-\frac{\sin\theta}{r}\frac{\partial}{\partial\theta},\quad \frac{\partial}{\partial x_2}=\sin\theta\frac{\partial}{\partial r}+\frac{\cos\theta}{r}\frac{\partial}{\partial\theta}$$

を用いて計算すれば，
$$B_0^{1/2}(P-\mathrm{i}Q)=-\mathrm{e}^{\mathrm{i}\theta}\left(\frac{\partial}{\partial r}+\frac{\mathrm{i}}{r}\frac{\partial}{\partial\theta}+\frac{B_0 r}{2}\right).$$

これを $f(r)\mathrm{e}^{\mathrm{i}m\theta}$ に作用させて $=0$ とおくと，f が満たす微分方程式
$$f'(r)-\frac{m}{r}f(r)+\frac{B_0 r}{2}f(r)=0$$

が出てくる．これを解けば $f(r)=c\mathrm{e}^{m\log r-B_0 r^2/4}=cr^m\mathrm{e}^{-B_0 r^2/4}$ が得られる．特に，m が非負整数ならば，$f(r)\mathrm{e}^{\mathrm{i}m\theta}$ は $\mathcal{S}$ に属する $A\varphi=0$ の解になる．(iii) $H=B_0(P^2+Q^2)$ だから，§4.2 の一般論を適用すればよい．特に，(ii) により $\mathcal{N}(A)$ は無限次元だから，各固有空間に対応する固有空間は無限次元である．

第5章

5.1
$$\mathrm{i}\frac{\mathrm{d}}{\mathrm{d}\xi}(T\phi)(\xi)=\mathrm{i}\frac{\mathrm{d}}{\mathrm{d}\xi}\left(\mathrm{e}^{-\mathrm{i}\xi^3/3}\phi(\xi)\right)=\mathrm{e}^{-\mathrm{i}\xi^3/3}\left(\xi^2+\mathrm{i}\frac{\mathrm{d}}{\mathrm{d}\xi}\phi\right)$$

によればよい．

5.2 省略．

5.3 $f\in L^2(\mathbf{R}^3)$ だから，Schwarz の不等式を使えば，
$$\frac{|\mathrm{e}^{\mathrm{i}\sqrt{z}|x|}|^2}{|x|^2}=\frac{\mathrm{e}^{-2\mathrm{Im}\sqrt{z}|x|}}{|x|^2}$$

が $\mathbf{R}^3$ 上で可積分であればよい．特異点は，$x=0$ と $|x|\to\infty$ だけで，前者の近傍では3次元における $|x|^{-2}$ だから可積分，また $|x|\to\infty$ のときには急減少しているから問題はない．

5.4 $T\mathcal{F}\varphi_0=\mathrm{e}^{-\mathrm{i}\xi^3/3}\widehat{\varphi_0}(\xi)$ を初期関数として $\mathrm{i}\frac{\partial}{\partial t}\phi(\xi,t)=\mathrm{i}\frac{\partial}{\partial\xi}\phi(\xi,t)$ を解くと，$\phi(\xi,t)=\mathrm{e}^{-\mathrm{i}(\xi+t)^3/3}\widehat{\varphi_0}(\xi+t)$．これに $\mathcal{F}^{-1}T^{-1}$ を作用させると，$c=(2\pi)^{-1}$ とおいて，

$$c\int_{\mathbf{R}^3}\mathrm{e}^{-\mathrm{i}(\xi^2 t+\xi t^2+t^3/3)}\widehat{\varphi_0}(\xi+t)\mathrm{e}^{\mathrm{i}\xi x}\mathrm{d}\xi = c\mathrm{e}^{-\mathrm{i}(tx+t^3/3)}\int_{\mathbf{R}^3}\mathrm{e}^{\mathrm{i}\eta(x+t^2)}\mathrm{e}^{-\mathrm{i}\eta^2 t}\widehat{\varphi_0}(\eta)\mathrm{d}\eta$$
$$= \mathrm{e}^{-\mathrm{i}(tx+t^3/3)}\psi_f(x+t^2,t).$$

5.5 古典軌道は,自由運動に比べて,t^2 に比例する長さだけ x 軸の負の方向に流されている.(5.19) は Schrödinger 方程式の解でも同様な事情になっていることを示している.古典許容領域,古典禁止領域も同様に流され,それをもとにして位置分布の漸近形が決まってくるが,詳細な解析は読者に任せる.

第 6 章

6.1 省略.

6.2 $\psi\in\mathcal{X}_x$ として,$\widehat{\psi}$ を考える.$D_t^j\widehat{\psi}(\xi,t)=(D_t^j\psi)\widehat{\ }(\xi,t)$ は明らか.そして,$|\xi|^m|D_\xi^k(D_t^j\psi)\widehat{\ }(\xi,t)|=c|(D_x^m(x^k D_t^j\psi))\widehat{\ }(\xi,t)|\leqq\int_{-\infty}^{\infty}|D_x^m(x^k D_t^j\psi)(x,t)|$ となるが,この右辺は $[-T,T]$ で有界である.以上で $\psi\in\mathcal{X}_x\Longrightarrow\widehat{\psi}\in\mathcal{X}_\xi$ が示された.逆も同様.対応が 1 対 1,かつ全体への対応になることは,$\mathcal{F}$ と $\mathcal{F}^*$ が互いに逆であることからただちに分かる.

6.3 グラフが折れ線になる関数で作れば簡単だが,§3.3 (a) の φ_δ を使って,
$$f_\delta(x)=\delta^\alpha\varphi_\delta(x)=\frac{\delta^{\alpha-1/2}}{\pi^{1/4}}\mathrm{e}^{-x^2/2\delta^2},\quad \alpha>0$$
とすれば,$\|f_\delta\|\to 0$,$f_\delta(0)\to\infty$.(ただし,$a<0<b$ とし,1 次元なので φ_δ の係数は $\pi^{-1/4}\delta^{-1/2}$ とした.)

6.4 ヒントのようにして T を定める.T が線形であることは明らか.T_n が Cauchy 列だから,$\|T_n\|\leqq M$.ゆえに $\|T_n u\|\leqq M\|u\|$ から $n\to\infty$ にいって,$\|Tu\|\leqq M\|u\|$.ゆえに,$T\in\mathcal{L}(X)$.任意の $\varepsilon>0$ に対して n_0 がとれて,$n,m>n_0\Longrightarrow\|T_n u-T_m u\|\leqq\varepsilon\|u\|$.ここで,$m\to\infty$ とすれば,$n>n_0$ のとき $\|T_n u-Tu\|\leqq\varepsilon\|u\|$.ゆえに,$\|T_n-T\|\to 0$.

6.5 (i) ヒントの式で $A=q$ とすると,$[H,A]=[p^2+V(q),q]=[p^2,q]$.(ii) $\langle q\rangle$ については,問題 4.6 の結果と (i) を組み合わせる.$\langle p\rangle$ については,$[H,p]=[V,p]=\mathrm{i}\nabla V\cdot$ を用いる.Ehrenfest の定理は,Schrödinger 方程式の解 $\psi(x,t)$ が与えられたとき,それを用いて位置 q,運動量 p,力 $-\nabla V$ の平均値(期待値)を作ると,それらが Newton の運動方程式を満たすことを示している.

欧文索引

Banach 空間　114
Bessel の不等式　77
Bohr の振動数条件　8
Bohr 半径　20
Cauchy 問題　43
Ehrenfest の定理　116
Einstein–de Broglie の関係　10
Fourier の反転公式　31, 89
Fourier 変換　30, 42
　逆——　30, 42
Fubini の定理　29
Gauss 分布　47
Gauss 分布型の波束　55
Hamilton の方程式　2
Heaviside 関数　36
Hermite の多項式　72

Hilbert 空間　22
Landau 準位　86
Newton の運動方程式　1
Parseval の等式　78
Planck の定数　7
Poisson 核　33
Rayleigh 商　58
Schrödinger 作用素　12
Schrödinger 対　67
Schrödinger 方程式　4
　非線形——　17
Schwartz 空間　26, 27
Schwarz の不等式　22
Sobolev 空間　37
Stark 効果　19, 92, 95

和文索引

ア行

一般固有関数　90
運動量変数　30, 41
エネルギー準位　8
遠距離型　121

カ行

角振動数　9
確率振幅　13
掛け算因子　89
掛け算作用素　31, 89
可測性　88
完全　77, 120

完全正規直交系　77
緩増加関数　27
緩増加超関数　35
観測可能量　15
完備性　15
期待値　15
逆 Fourier 変換　30, 42
逆作用素　115
急減少 C^∞ 級関数　26
急減少関数　25
共役作用素　24, 31
グラディエント　4
ゲージ変換　19
原子の安定性　17

交換関係　59
交換子　57
合成積　29
古典許容領域　53
古典禁止領域　53
固有関数　66, 67
固有関数展開　79, 89
固有空間　67
固有値　12, 66, 67
固有値問題　12, 20
固有ベクトル　67
固有方程式　67

サ 行

作用素　11
三角不等式　22
散乱行列　92, 121
散乱作用素　92, 118
自己共役作用素　24
自己共役実現　25
周期　9
自由粒子　41, 93
昇降演算子　69
初期条件　43
初期値問題　43
真性スペクトル　98
伸長作用素　60
振動数　9
スペクトル　95, 96
スペクトル定理　24
スペクトル表現　89
スペクトル分解　24
正規化　14
正規直交基底　77
正規直交系　76
正値　67
前期量子論　7
漸近速度の作用素　63

線形作用素　23
線形汎関数　35
測度　88
測度空間　88

タ 行

対称作用素　24
たたみこみ　29
短距離型　119
超関数　27
　　──の微分　36
調和振動子　2, 65, 95
定義域　23
定常状態　4
デルタ関数　33, 35

ナ 行

内積　22
内積空間　22
ナブラ　4
ノルム　14, 22, 24, 114
ノルム空間　114

ハ 行

波数　9
波束　14
波長　9
発展作用素　45
波動関数　3, 14
波動作用素　118
ハミルトニアン　2, 12
光の粒子性　9
非線形 Schrödinger 方程式　17
非負値　67
不確定性関係　57, 59
物質波　10
分解可能な作用素　92
分散関係　9, 11

変分法の基本補題　37
ポテンシャル　3

ヤ 行

有界　24
優級数　82
ユニタリ作用素　31
ユニタリ同値　43

ラ 行

ラプラシアン　4
離散スペクトル　17, 97, 99
量子仮説　7
量子化の規則　11
レゾルベント　95, 96
レゾルベント集合　95, 96
連続スペクトル　17, 97

■岩波オンデマンドブックス■

量子物理の数理

   2007年4月26日 第1刷発行
   2017年7月11日 オンデマンド版発行

著　者 <ruby>黒田<rt>くろだ</rt></ruby> <ruby>成俊<rt>しげとし</rt></ruby>

発行者 岡 本　厚

発行所 株式会社 岩波書店
   〒101-8002 東京都千代田区一ツ橋2-5-5
   電話案内 03-5210-4000
   http://www.iwanami.co.jp/

印刷/製本・法令印刷

© Shige Toshi Kuroda 2017
ISBN 978-4-00-730638-9 Printed in Japan